| 青少年信息素养教育系列丛书 |

科学实验与编程

（Python版）

李雁翎　胡学钢 主　编

罗　娜　凌　典 副主编

清华大学出版社

北京

内 容 简 介

科学是一门以实验为基础的学科，通过进行科学实验可以学习丰富的科学知识、探索未知的奥秘。科学实验为学生提供了分析问题、总结问题的环境，通过编程体现学生通过自我思考，模拟实验环节，一步一步地解决相关系列问题，从而得到最终的结论并由此过程激发出学生对学科研究的兴趣和对科学结论的严谨态度。

本书基于 Python 3 详细讲解了 10 个趣味的物理化学实验。这些实验由浅入深地介绍了 Python 语言语法的使用方式，并展现了程序设计的基本思维和方法。

全书共 10 章，通过实例应用的方式，在介绍实验的同时，详细介绍 Python 的基础知识，基本数据类型，Python 中的运算处理，选择语句和循环语句的使用方法，字符串、列表、元组和字典的使用方法，文件的使用方法以及图形图像的应用等相关知识。

本书内容通俗易懂，具备较高的趣味性和交互性。书中实例适合中学生学习，以领悟 Python 语言的魅力所在，培养编程兴趣。另外，本书还适合作为相关培训机构的培训教材使用。

图书在版编目 (CIP) 数据

科学实验与编程：Python 版 / 李雁翎，胡学钢主编 . —北京：清华大学出版社，2024.1
（青少年信息素养教育系列丛书）
ISBN 978-7-302-65321-9

Ⅰ. ①科⋯　Ⅱ. ①李⋯ ②胡⋯　Ⅲ. ①软件工具－程序设计－青少年读物
Ⅳ. ① TP311.561-49

中国国家版本馆 CIP 数据核字 (2024) 第 019929 号

责任编辑：张　民　薛　阳
封面设计：傅瑞学
版式设计：方加青
责任校对：李建庄
责任印制：丛怀宇

出版发行：清华大学出版社
　　　　网　　　址：https://www.tup.com.cn，https://www.wqxuetang.com
　　　　地　　　址：北京清华大学学研大厦 A 座　　　　邮　　编：100084
　　　　社 总 机：010-83470000　　　　　　　　　　邮　　购：010-62786544
　　　　投稿与读者服务：010-62776969，c-service@tup.tsinghua.edu.cn
　　　　质 量 反 馈：010-62772015，zhiliang@tup.tsinghua.edu.cn
印 装 者：三河市天利华印刷装订有限公司
经　　销：全国新华书店
开　　本：185mm×260mm　　　　印　　张：9　　　　字　　数：92 千字
版　　次：2024 年 2 月第 1 版　　　　印　　次：2024 年 2 月第 1 次印刷
定　　价：59.00 元

产品编号：096322-01

邓小平爷爷在1984年发出了"计算机的普及要从娃娃抓起"的号召。比尔·盖茨曾经说过："学习编程可以锻炼你的思维，帮助你更好地思考。"在今天看来，我们在响应邓小平爷爷伟大号召的基础上，也体会到了学习编程的过程就是锤炼思维、思考事理的过程。

2000年，教育部明确指出要在全国中小学中开展信息技术教育。作为现在的中学生，是生长在新世纪的一代人，肩负着连接现在与未来的使命，时代赋予了我们这一代人前所未有的使命和责任。学习编程语言，不仅能掌握一门与计算机沟通的语言，而且能收获一把通向未来的钥匙。更重要的是，学习编程可以开拓思维、启迪想象，可以培养学生们主动思考的意识，让孩子们能够发现并能自主设计隐藏在表象背后的程序。学习编程所培养出来的能力会让每个人受益终身。

Python语言在计算生态的大背景下诞生、发展、再生，历时近 30 年，其简洁和面向生态的设计理念得到了广泛认同，形成了全球范围最大的单一语言编程社区。超过 9 万个第三方编程库覆盖从数据到职能、二维到三维、文本处理到虚拟现实、控制逻辑到系统结构等几乎所有的计算领域。

本书作为中学生面向科学实验的编程教材，不仅详细介绍了相关的科学实验，还深入讲述了 Python 语言本身及面向对象的程序设计方法。主要特色如下：

（1）以初中物理和化学课程中的具体实验作为问题提出，在实际问题的求解中强调编程的基本概念、基本语法、基本结构，不探究语法的细节，从宏观上把握程序的结构。

（2）注重模块化的程序设计，注重模仿，强调规范化的程序结构，不提倡过多的编程技巧和个人风格。

（3）通俗易懂。本书利用大量的图示说明，把程序的执行过程，复杂的概念、算法用图形的形式表现出来，使读者有一个形象直观的认识。

本书所有列举的例题和扩展训练均在 Python 3.8.8 下调试通过。

由于作者水平有限，书中难免有错误之处，恳请读者批评指正。

2023 年 10 月

目录
CONTENTS

第 1 章
电路电流
计算

　　在日常生活中，电路好像是一门离生活很远的学科，一些电路现象常常让我们感到高深莫测，摸不到头脑。为什么按下开关灯就会亮？电热水器又是如何工作的？其实，电路的知识在我们生活的很多地方都有体现，许多神奇的电路现象都向我们展示了电路的奇妙，生活中的许多现象都与电路有着联系。

　　本章通过观察物理现象，将物理知识与编程知识相结合，利用 Python 实现电路中电流的计算，通过绘制正常情况下和短路情况下电流的图表，认识电路中的短路现象，并引导学生在学习的过程中不断体会物理与生活的紧密关联与物理学科的乐趣。

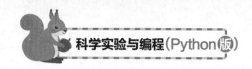

1.1　物理现象观察

　　欧姆定律是电学的重要定律，是组成电学内容的主干知识。欧姆定律不仅在理论上非常重要，在实际应用中也非常广泛，将欧姆定律运用于人们的工作生活，去分析生活中简单的电学现象，是实现理论联系实际的重要方式。本案例通过带领学生观察真实的电路并设计电路计算短路电流，带领学生多方面地感知与学习电路知识，能够帮助学生更好地理解掌握相关的基础知识。

1.1.1　电流知识介绍

　　一个电路中必须有电源、开关、用电器，再用导线连接起来。当电路闭合时，电路中才有电流产生，而形成电压。

1.1.2　问题情境

　　一辆汽车的车灯接在 12V 电源两端，灯丝电阻为 30Ω，求通过灯丝的电流。

　　（1）如何利用欧姆定律求通过灯丝的电流？

　　（2）如何利用欧姆定律解释电路短路现象？

1.2 案例：电流峰值现象

　　现实生活中，每家每户无时无刻都在使用电器，那我们是如何理解电器用电的运作原理的呢？当发生短路时又是哪里出问题了呢？下面用程序编写计算出每个用电器经过的电流，同时可以解释为什么导线直接连在电源两端会导致短路。

　　首先要弄清，短路指的是电源的短路，而不是某个元件的短接。

　　如图 1-1 所示，在开关 K 已经闭合的情况下，把电阻 R_1 用导线短接，总电流 I 会因此而增大一些，但不是短路。

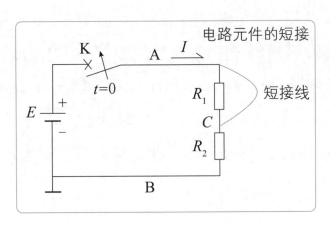

图 1-1　电路的短路现象 1

　　如图 1-2 所示，在开关 K 已经闭合的情况下，把电阻 R_1 用导线短接，总电流 I 会因此而增大一些，但不是短路。

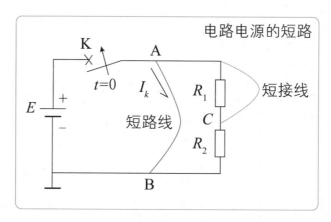

图 1-2　电路的短路现象 2

　　根据图 1-1 和图 1-2 我们提出一个实例：设电池电动势
E=3V，内阻 r=0.4Ω，电阻 R_1 和 R_2 均为 10Ω，短路线为截面
S=1mm²、长度为 L=1m 的铜线。我们来算一算短路前后的电流
是如何变化的？（当然此时 R_1 不能用短接线短路。）

　　先求外电路总电阻：$R = R_1 + R_2 = 10Ω + 10Ω = 20Ω$。

　　要解决此问题，首先要了解什么是欧姆定律。通过导体的
电流，跟导体两端的电压成正比，跟导体的电阻成反比。这个
规律叫作欧姆定律，表达式为 $I=U/R$，其中，I 表示电流，单
位是安培（A）；U 表示电压，单位是伏特（V）；R 表示电阻，
单位是欧姆（Ω）。根据欧姆定律，可以将上式代入公式。

　　此时正常运行的电流：$I = \dfrac{E}{r+R} = \dfrac{3}{0.4+20} = 0.147\text{A}$

　　此时路端电压：$U = IR = 0.125 \times 20 = 2.5\text{V}$。

　　现在把短路线接在 A 点与 B 点之间，此时电源被短接导
线的电阻 R_x 给短路。注意，R_x 实质上是与负载电阻 R 并联的，
为此先求出短路导线的电阻：

$$R_x = \rho \frac{L}{S} = 1.7 \times 10^{-8} \times \frac{1}{1 \times 10^{-6}} = 0.017Ω$$

短路线 R_x 与负载电阻 R 并联后的电阻为：

$$R_x//R = \frac{R_xR}{R_x+R} = \frac{0.017 \times 20}{0.017+20} \approx 0.01699\Omega$$

我们看到，短路线与负载电阻并联后，总电阻几乎就等于短接线电阻。

再来求短路电流 I_k：

$$I_k = \frac{E}{r+R_x//R} = \frac{3}{0.4+0.01699} \approx 7.1944A$$

这就是短路电流了。

1.2.1　编程前准备

1. 下载并安装 matplotlib 库文件

我们使用 matplotlib 库里面的 pyplot 包。

Python 中的类库主要指一些写好的 Python 程序片段，有些库是 Python 内置的，有些是其他人创造的，当引入类库之后便可以使用库中已经写好的方法和属性。

（1）matplotlib 是 Python 中最常用的可视化工具之一，可以非常方便地创建海量类型的 2D 图表和一些基本的 3D 图表，可根据数据集（DataFrame，Series）自行定义 X,Y 轴，绘制图形（线形图、柱状图、直方图、密度图、散布图等），能够解决大部分的需要。

（2）matplotlib 中最基础的模块是 pyplot。每个 pyplot 函数对图形进行一些更改。例如，创建图形、在图形中创建绘图区域、绘制绘图区域中的某些线条、使用标签装饰图形等。

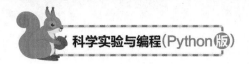

下面将用它进行创建画布以及画出数据线条等。

2. 图像的加载

显示图像前需要划分 x、y 轴，这里我们使用 NumPy 包来对 x 轴的值进行取样：

NumPy(Numerical Python) 是 Python 语言的一个扩展程序库，支持大量的维度数组与矩阵运算，此外也针对数组运算提供大量的数学函数库；主要用于数组计算。

这里主要用到 NumPy 中的 linspace 函数，此函数的定义如下，接收三个参数，返回一个取样数组：

numpy.linspace(start, end, num=num_points)，将在 start 和 end 之间生成一个统一的序列，共有 num_points 个元素。

其中：

start：范围的起点（包括）

end：范围的端点（包括）

num：序列中的总点数。

```python
import numpy as np
import matplotlib.pyplot as plt


y = np.zeros(5)
x1 = np.linspace(0, 10, 5)
x2 = np.linspace(0, 10, 5)
plt.plot(x1, y, 'o')
plt.plot(x2, y + 0.5, 'o')
plt.ylim([-0.5, 1])
plt.show()
```

程序显示结果如图 1-3 所示。

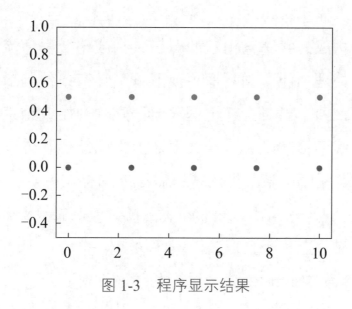

图 1-3　程序显示结果

3. 图像的显示

（1）使用 pyplot.plot(x,y,format_string) 方法将点用线连接起来。

其中，x,y 分别为 X 轴数据与 Y 轴数据，可以为列表或数组；format_string 为控制曲线格式的字符串。

（2）pyplot.show() 的功能为显示所有打开的图形。

1.2.2　算法设计

程序流程图是用规定的符号描述一个专用程序中所需要的各项操作或判断的图示。这种流程图着重说明程序的逻辑性与处理顺序，具体描述了微机解题的逻辑及步骤。当程序中有较多循环语句和转移语句时，程序的结构将比较复杂，给程序设计与阅读造成困难。程序流程图用图的形式画出程序流向，是

算法的一种图形化表示方法，具有直观、清晰、更易理解的特点。

程序流程图由处理框、判断框、起止框、连接点、流程线、注释框等构成，并结合相应的算法，构成整个程序流程图。处理框具有处理功能；判断框（菱形框）具有条件判断功能，有一个入口，两个出口；起止框表示程序的开始或结束；连接点可将流程线连接起来；流程线表示流程的路径和方向；注释框是为了对流程图中某些框的操作做必要的补充说明。

（1）一开始给出杠杆的长度数值，同时给出左右两端物体的质量和力矩长度数据输入程序中。

（2）通过 turtle 库生成图形化界面进行展示。

（3）程序根据输入的数值和方程计算平衡时左右力矩的长度。

（4）判断力矩是否超过 height/2，否则退回上一步，是则绘制出平衡后的图像。

（5）结束。

本案例主要包括利用欧姆定律计算电阻和利用编程绘制短路和正常情况下电流的变化，案例的主要思路如下：

（1）初始化电路，包括给出电源电动势与各个电阻的阻值，及其之间的连接情况。

（2）对于短路电路：

① 计算短路的导线电阻；

② 计算短路导线与电阻并联后的总电阻；

③ 利用欧姆定律计算此时的短路电流。

（3）对于非短路电路：

①计算总电阻；

②通过欧姆定律计算正常运行时的电流。

最后，将计算得到的数据传入绘图函数中，完成短路电流与正常电流图像的绘制。

程序流程图如图1-4所示。

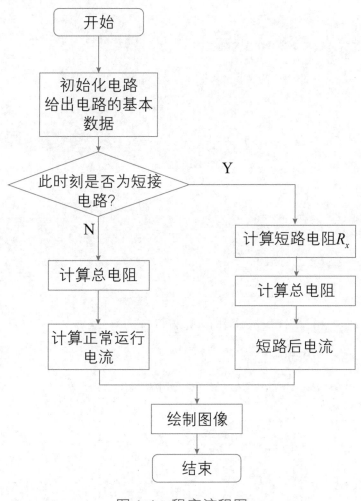

图 1-4　程序流程图

1.3 编写程序及运行

1.3.1 程序代码

```python
import matplotlib.pyplot as plt
import numpy as np
def main():
    e, r, r0, s, l, ro = 3, 0.4, 20, 1e-6, 1, 1.7e-8
    i1 = np.array([e / (r + r0)]*10)

    rx = ro * l/s
    i2 = np.array([e / (rx * r0 / (rx + r0) + r)]*10)
    t1 = np.linspace(0, 5, 10)
    t2 = np.linspace(5, 10, 10)
    plt.figure()
    plt.plot(t1, i1, label="normal")
    plt.plot(t2, i2, label="short circuit")
    plt.legend()
    plt.arrow(t1[9], i1[9], 0, i2[9]-i1[9], width=0.01)
    plt.show()
if __name__ == "__main__":
    main()
```

1.3.2 运行程序

步骤一：配置环境与新建项目

1. 下载并安装 Python

在 https://www.python.org/downloads/ 中下载 Python 3.10.1，如图 1-5 所示。

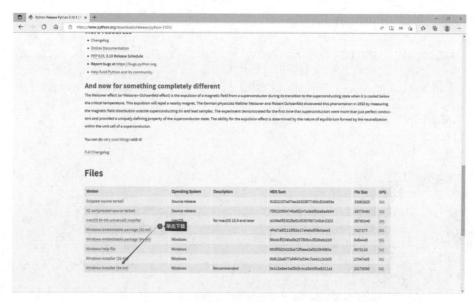

图 1-5 Python 下载界面

如图 1-6 所示，进入页面后，根据系统选择 Windows 64bit 版本下载，下载后依据提示安装即可。

图 1-6 下载 Windows 64bit 版本

2. 下载并安装 PyCharm

打 开 https://www.jetbrains.com/pycharm/download/#section=windows，下载 PyCharm Community 的安装程序，如图 1-7 所示，下载后，依据提示安装即可。

图 1-7　PyCharm 下载界面

3. 新建 Python 项目

运行 PyCharm，单击 New Project 按钮后，输入项目名称为 "BookCase" 后，单击 Create 按钮即可完成新建，如图 1-8 和图 1-9 所示。

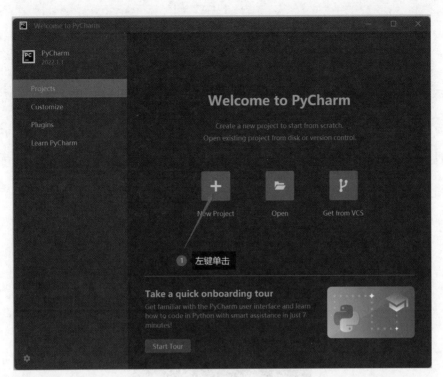

图 1-8　"新建"工程界面

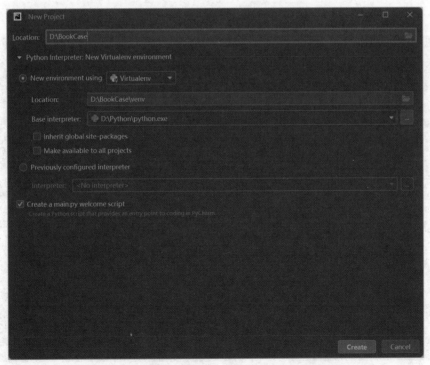

图 1-9　选择"新建工程"的文件位置

4. 安装中文环境、numpy 包与 matplotlib 包

1）安装中文环境

打开 PyCharm，单击右上角的设置图标后，选择 Plugins
命令后，在弹出的对话框中搜索"Chinese"，并单击
Marketplace，找到第二个，单击 Install 按钮。完成安装后重启
PyCharm 即可，如图 1-10 和图 1-11 所示。

图 1-10　中文环境设置 1

图 1-11　中文环境设置 2

14

2）安装 numpy 包与 matplotlib 包

单击下方的终端，分别输入命令：

Pip3 install numpy

Pip3 install matplotlib

等待下载完成即可，如图 1-12 所示。

图 1-12　安装 numpy 和 matplotlib 包

步骤二：新建文件

在刚才新建的项目中，右击左侧项目栏，在弹出的选择栏中选择"新建"→"Python 文件"，单击后，在页面中间弹出的命名栏中输入文件名"Case1"，并选择"Python 文件"，回车，即可新建成功，如图 1-13 和图 1-14 所示。

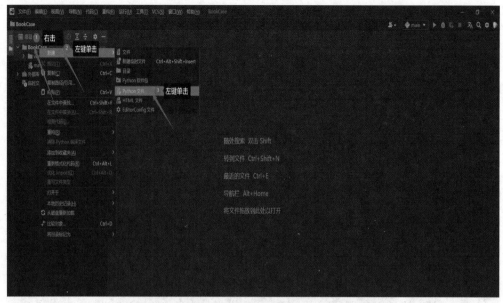

图 1-13　选择"新建工程"的文件位置

图 1-14　在"新工程"下创建新文件

步骤三：编写代码  --

将案例的代码粘贴至 Case1.py 中，如图 1-15 所示。

```python
import matplotlib.pyplot as plt
import numpy as np
def main():
    e, r, r0, s, l, ro = 3, 0.4, 20, 1e-6, 1, 1.7e-8
    i1 = np.array([e / (r + r0)]*10)

    rx = ro * l/s
    i2 = np.array([e / (rx * r0 / (rx + r0) + r)]*10)
    t1 = np.linspace(0, 5, 10)
    t2 = np.linspace(5, 10, 10)
    plt.figure()
    plt.plot(t1, i1, label="normal")
    plt.plot(t2, i2, label="short circuit")
    plt.legend()
    plt.arrow(t1[9], i1[9], 0, i2[9]-i1[9], width=0.01)
    plt.show()
if __name__ == "__main__":
    main()
```

图 1-15　程序代码的编写

步骤四：运行程序 --

如图 1-16 所示，在任意空白处右击后，单击右键菜单中的"运行 'Case1'"选项，即可运行。也可使用快捷键 Ctrl+Shift+F10。

图 1-16　程序的执行

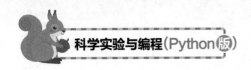

程序运行结束之后，即可看到程序的运行结果，如图 1-17 所示。

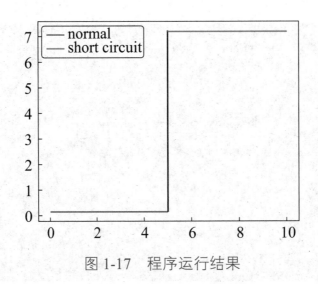

图 1-17　程序运行结果

1.4　拓展训练

根据上述案例，试计算图 1-1 中接 R_1 的短接线和不接 R_1 的短接线的电流变化。

第2章
电路并联与
串联差异

  串联电路与并联电路是电子学中最基础的电路。串联电路中，电流只有一条通道，并联中电流有很多通道，且干路电流等于支路电流之和；在并联电路中，电路会在导线的岔口处分开，前提是每个导线中都有用电器（如灯泡），然后电流在多个导线汇合处汇合。如何区分串联电路与并联电路呢？

  下面用 Python 编程来解释并联和串联的差异与特点，让实验更加清晰化地展现在我们面前。

2.1　物理现象观察

　　电路在生活中无处不在，串联电路和并联电路是最基本的电路。节日里的一串小彩灯是串联的，家庭电路中的电灯、电冰箱、电视机是并联的，开关和它控制的电灯是串联的。那如何区分它们呢？下面用编程的方式结合实际应用来解决这个问题。

2.1.1　电路并联与串联知识介绍

　　并联是元件之间的一种连接方式，其特点是将两个同类或不同类的元件、器件等首首相接，同时尾尾也相接的一种连接方式。通常是用来指电路中电子元件的连接方式，即并联电路。

　　串联电路一般是把两个或者是两个以上的用电器按照先后顺序依次连接到电路中。

2.1.2　问题情境

　　图 2-1 和图 2-2 分别为串联电路与并联电路，其中，L_1 与 L_2 的电阻分别为 2Ω、4Ω，电流表电阻忽略不计，电池电势能为 12V，电阻忽略不计，分别计算图 2-1 串联电路中电流表的数值与图 2-2 中并联电路中电流表的数值。

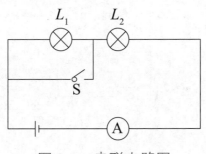

图 2-1 串联电路图

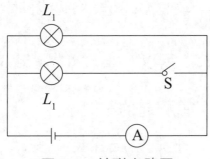

图 2-2 并联电路图

如前面描述所知，串联电路中用电器的电流不变，电压不同，根据欧姆定律，便可计算出串联电路中的总电流，也就是电流表的计数；在并联电路中，由于并联电路中各支路电压相同，所以根据欧姆定律得到各支路电流，最后相加得到电流总和。

2.2 案例：家庭电路

家庭电路中存在典型的并联电路与串联电路，并联分流不分压，串联分压不分流。

根据图 2-3 提出一个实例：如图 2-3 所示，R_1 为 20Ω，R_2 为 40Ω，电势能为 4V，分别求解当 S 断开与关闭时的电流是多少。

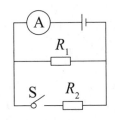

图 2-3　串并联电路图

首先，当 S 断开时为串联电路，电阻总值为 $R = R_1 = 20\Omega$，所以 $I = \dfrac{4}{20} = 0.2A$；当 S 关闭时为并联电路，$R = \dfrac{R_1 + R_2}{R_1 R_2} = 0.075\Omega$，所以 $I = 4 / 0.075 \approx 53.333A$。

下面是一个串并联一起的实例。

如图 2-4 所示，电源电压保持不变，当 K_1 与 K_2 均断开时，电流表计数为 0.6A，当 K_1 与 K_2 均闭合时，电流表计数为 2A，那么仅闭合 K_1 时，电流表计数为多少？

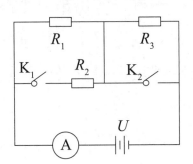

图 2-4　串并联实例

当 K_1 与 K_2 均断开时，电路为串联电路，总电阻为 $R = R_1 + R_3 = 10\Omega$，此时电流表为 0.6A，所以电源电压为 $U = IR = 6V$，此时再仅当 K_1、K_2 均闭合时，电路为并联电路，此时电路 $I = 2A$，那么电路中总电阻为 $R = \dfrac{U}{I} = 4\Omega$，所以此时

22

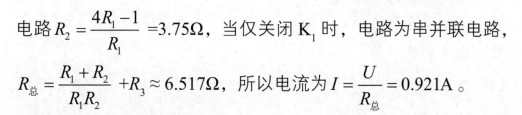

电路 $R_2 = \dfrac{4R_1 - 1}{R_1} = 3.75\Omega$，当仅关闭 K_1 时，电路为串并联电路，

$R_总 = \dfrac{R_1 + R_2}{R_1 R_2} + R_3 \approx 6.517\Omega$，所以电流为 $I = \dfrac{U}{R_总} = 0.921\text{A}$。

2.2.1 编程前准备

（1）if __name__ == "__main__"：程序主入口，进入主函数 main()。

（2）程序总共有以下三个函数。

① main()：主函数。

② series_connection()：串联函数体。

③ parallel_connection()：并联函数体。

（3）input() 函数：该函数为输入函数，接收一个标准输入数据，返回为 string 类型，例如，有时计算机会问你一个问题，你需要做出回答，从而让计算机进行下一步的判断，这时就需要用到 input() 函数。

（4）r_total：电路总电阻。

2.2.2 算法设计

根据串并联电路的理论知识，案例的主要思路如下。

（1）首先输入 R_1、R_2、R_3 的电阻阻值，以及电动势 e。

（2）输入 quit 表示结束。

（3）程序流程图（如图 2-5 所示）中分别表示以下三种控制结构。

① 1+2+3 表示将 1、2、3 串联。

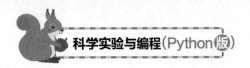

② 1+2/3 表示 1、2 串联后与 3 并联；1/2+3 表示 1、2 并联后与 3 串联。

③ 1/2/3 表示 1、2、3 并联。

（4）输出总电流。

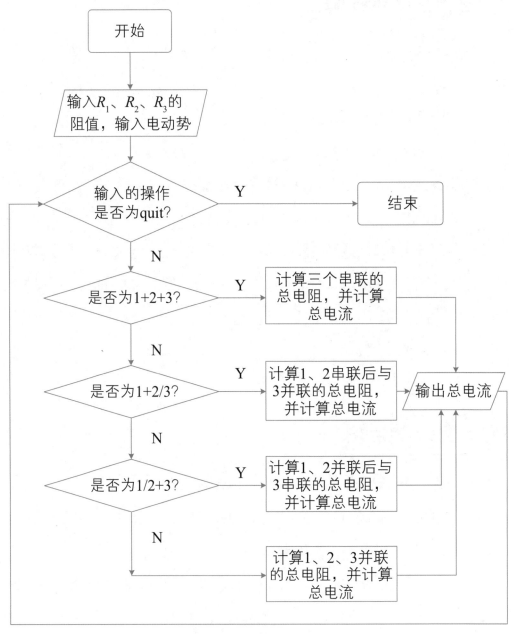

图 2-5　程序流程图

2.3 编写程序及运行

2.3.1 程序代码

```python
def parallel_connection(r1, r2):

    return r1 * r2 / (r1 + r2)

def series_connection(r1, r2):

    return r1 + r2

def main():

    x = input('输入三个电阻的阻值 ').split()

    r = [int(i) for i in x]

    e = float(input('输入电源电动势'))

    while True:

        print('输入操作：quit 表示退出，1+2+3 表示将 1、
2、3 串联，1+2/3 表示 1、2 串联后与 3 并联，1/2/3 表示 1、2、3 并联，
1/2+3 表示 1、2 并联后与 3 串联')

        op = input()

        if op == 'quit':

            break

        if op == '1+2+3':

                r_total = series_connection(series_
connection(r[0], r[1]), r[2])
```

```
        elif op == '1+2/3':
              r_total = parallel_connection(series_
connection(r[0], r[1]), r[2])
        elif op == '1/2+3':
              r_total = series_connection(parallel_
connection(r[0], r[1]), r[2])
        else:
              r_total = parallel_connection(parallel_
connection(r[0], r[1]), r[2])
        print('电流为 ', e / r_total)


   if __name__ == "__main__":
       main()
```

2.3.2 运行程序

步骤一：新建文件 -

在刚才新建的项目中，右击左侧项目栏，在弹出的选择栏中选择"新建"→"Python文件"，单击后，在页面中间弹出的命名栏中输入文件名"Case2"，并选择"Python文件"，回车，即可新建成功，如图2-6和图2-7所示。

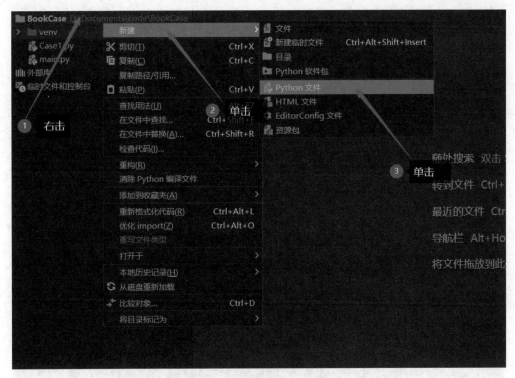

图 2-6 新建工程文件

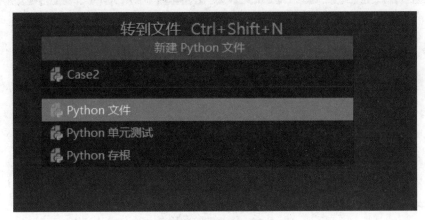

图 2-7 命名新建文件

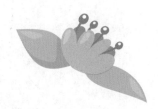

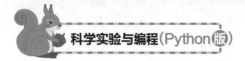

将案例的代码粘贴至 Case2.py 中，如图 2-8 所示。

```python
def series_connection(r1, r2):
    return r1 + r2


def main():
    x = input('输入三个电阻的阻值').split()
    r = [int(i) for i in x]
    e = float(input('输入电源电动势'))
    while True:
        print('输入操作：quit表示退出，1+2+3表示将123串联，1+2/3表示12串联后与3并联，1/2/3表示123并联，1/2+3表示12并联后
        op = input()
        if op == 'quit':
            break
        if op == '1+2+3':
            r_total = series_connection(series_connection(r[0], r[1]), r[2])
        elif op == '1+2/3':
            r_total = parallel_connection(series_connection(r[0], r[1]), r[2])
        elif op == '1/2+3':
            r_total = series_connection(parallel_connection(r[0], r[1]), r[2])
        else:
            r_total = parallel_connection(parallel_connection(r[0], r[1]), r[2])
        print('电流为', e / r_total)
```

图 2-8 编写程序代码

28

步骤三：运行程序

在任意空白处右击后，单击弹出右键菜单中的“运行 'Case1'”选项，即可运行。也可使用快捷键 Ctrl+Shift+F10，如图 2-9 和图 2-10 所示。

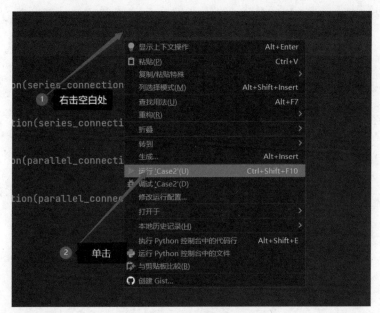

图 2-9　运行程序文件

图 2-10　程序运行结果

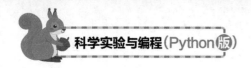

2.4 拓展训练

如图 2-11 所示，电源电压为 12V，电阻 R_1 为 10Ω。闭合开关 K，当滑动变阻器电阻从 10Ω 到 40Ω 变化时，请画出电路的总电流变化图。

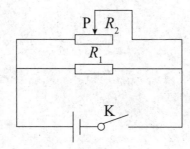

图 2-11 拓展训练电路图

第 3 章 物体运动规律

　　动画片中的活动形象，不像其他影片那样，用胶片直接拍摄客观物体的运动，而是通过客观物体运动的观察、分析、研究，用动画片的表现手法一张张地表现出来。因此物理上的物体的运动规律，要分别从时间、空间、速度的概念及批次间的相互关系入手，从而掌握规律，处理好动画片的动作节奏。

　　本章用 Python 模拟出物体的运动效果，包括匀速运动、匀变速运动。

3.1 物理现象观察

生活中处处存在着运动，例如，人在跑步机上、电梯上下移动为匀速运动，汽车超车为加速运动，汽车减速为减速运动。

如图 3-1 所示，小球在地面上滚动的频闪照片，时间间隔都是 1s，如果小球间间隔相同则为匀速运动，上述间隔逐渐减少，小球做减速运动。

图 3-1　小球频闪照片

3.1.1　物体运动知识介绍

物体的运动是指物体在空间中的相对位置随着时间而变化。讨论运动必须取一定的参考，但参考系是任选的。运动是物理学的核心概念，对运动的研究开创力学这门科学。

物体运动可以分为匀速运动和匀变速运动。速度大小不变的运动叫作匀速运动；而加速度不变的运动叫作匀变速运动。

3.1.2　问题情境

甲、乙两物体从同一位置出发沿同一直线运动，甲、乙两物体分别做匀变速和匀速运动，同时走了 6s，甲物体前 2 秒从静止开始，以加速度 $a = 2m/s^2$ 进行加速运动，2~6s，以加速度

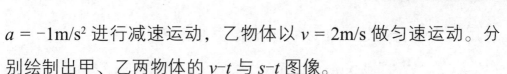

$a = -1\text{m/s}^2$ 进行减速运动，乙物体以 $v = 2\text{m/s}$ 做匀速运动。分别绘制出甲、乙两物体的 v-t 与 s-t 图像。

3.2　案例：沿坡行走

匀速运动的路程公式为 $s = vt$，变速运动的速度公式为 $v = v_0 t + at^2$；路程公式 $s = v_0 t + at^2 / 2$，从中可以看出物理意义，v-t 图像的物理意义是反映物体的速度随时间变化的规律，凸显的倾斜程度就能判断加速度大小。s-t 图像的物理意义是描述物体运动的唯一随时间变化的规律，s-t 图像并不是物体运动的轨迹。

通过如图 3-2 所示沿坡行走的案例来学习物体运动，当小猫在水平路面走时为匀速运动，下坡或上坡时为加速运动。

图 3-2　沿坡行走示意图

3.2.1　编程前准备

1. 下载并安装使用 Python 的 pyplot 包

matplotlib 中最基础的模块是 pyplot。每个 pyplot 函数对图形进行一些更改。例如，创建图形，在图形中创建绘图区域，绘制绘图区域中的某些线条，使用标签装饰图形等。下面我们

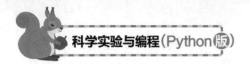

将用到它进行创建画布以及画出数据线条等。

（1）应用 Pyplot.figure() 函数为动画创建画布。

figure(num=None, figsize=None, dpi=None, facecolor=None,

edgecolor=None, frameon=True)

num：图像编号或名称，数字为编号，字符串为名称。

figsize：指定 figure 的宽和高，单位为英寸。

dpi：指定绘图对象的分辨率。

facecolor：背景颜色。

edgecolor：边框颜色。

frameon：是否显示边框。

（2）应用 pyplot.add_subplot() 函数在画布中增加轴域。

add_subplot(nrows, ncols, index, **kwargs)

nrows 与 ncols 决定画布被划分为 nrows×ncols 几部分。

index 从左上角开始，向右边递增，索引也可以指定为二元数组，表示图表占据位置，如从索引的第 1 个参数到第 2 个参数的位置。

例如：

fig.add_subplot(3, 1, (1, 2))，表示子图占据的位置为将画布三等分后的前两份位置。

（3）应用 ax.set_title() 函数为子图设置标题。

2. 下载并安装使用 Python 的 animation 包

matplotlib 的 animation 模块可以实现高效的动画绘制，并能够保存到 GIF 或者视频文件中。matplotlib 中的图形，如线条、点、坐标系、柱形图等都可以通过代码修改，为控制图像显示，以及实现动画提供支持。

3. 下载并安装使用 Python 的 numpy 包

（1）NumPy(Numerical Python) 是 Python 语言的一个扩展程序库，支持大量的维度数组与矩阵运算。此外，也针对数组运算提供大量的数学函数库，是一个运行速度非常快的数学库，主要用于数组计算。

（2）np.zeros(shape，dtype=float, order='C') 返回一个给定形状和类型的用 0 填充的数组：

其中：shape: 形状。

dtype: 数据类型，可选参数，默认为 numpy.float64。

order: 可选参数，C 代表行优先，F 代表列优先。

3.2.2　算法设计

根据理论知识，案例的设计如下。

（1）首先初始化为 9 个时间点 0~8，初速度为 3。

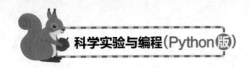

（2）到达终点结束，否则进行如下三种策略（上坡、平路、下坡）。

（3）计算当前时间点的速度与位移，看是否到达终点。

（4）如到达终点，则结束，如没有到达，则继续循环。

系统流程图如图 3-3 所示。

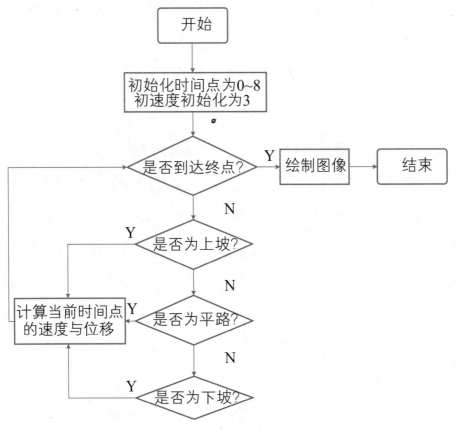

图 3-3 系统流程图

3.3 编写程序及运行

3.3.1 程序代码

```python
import matplotlib.pyplot as plt

import matplotlib.animation as animation

import numpy as np

def main():

    t = np.zeros(9)

    v0 = 3

    for i in range(len(t)):

        t[i] = i

    v_pos, s_pos = [0]*9, [0]*9

    v_pos[0] = v0

    flag = [1, 3, 5]

    for i in range(1, 9):

        if i <= flag[0]:

            v_pos[i] = v_pos[i-1] - 1

            s_pos[i] = s_pos[i-1] + (v_pos[i]**2-v_pos[i-1]**2)/-2

        elif i <= flag[1]:

            v_pos[i] = v_pos[i-1]

            s_pos[i] = s_pos[i-1] + v_pos[i]

        elif i <= flag[2]:
```

```
            v_pos[i] = v_pos[i-1] + 1
            s_pos[i] = s_pos[i-1] + (v_pos[i]**2-v_
pos[i-1]**2)/2
        else:
            v_pos[i] = v_pos[i-1] - 1
            s_pos[i] = s_pos[i-1] + (v_pos[i]**2-v_
pos[i-1]**2)/-2
    fig = plt.figure()
    ax1 = fig.add_subplot(221)
    ax2 = fig.add_subplot(222)
    ax1.plot(t, v_pos)
    ax1.set_title('v-t')
    ax2.plot(t, s_pos)
    ax2.set_title('s-t')
    plt.show()
if __name__ == "__main__":
    main()
```

3.3.2 运行程序

步骤一：配置环境

（1）安装 numpy 与 matplotlib 包。

（2）在 PyCharm 下方打开终端，分别输入以下命令。

Pip3 install numpy

Pip3 install matplotlib

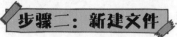
步骤二：新建文件

　　在刚才新建的项目中，右击左侧项目栏，在弹出的选择栏中选择"新建"→"Python 文件"，左键单击后，在页面中间弹出的命名栏中输入文件名"Case3"，并选择"Python 文件"，回车，即可新建成功，如图 3-4 和图 3-5 所示。

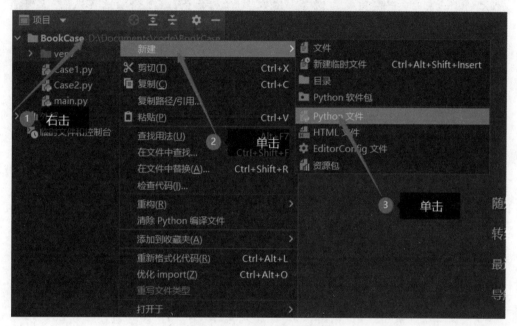

图 3-4　新建工程文件

图 3-5　命名新建文件

步骤三：编写代码

将案例的代码粘贴至 Case3.py 中，如图 3-6 所示。

```
v0 = 3
for i in range(len(t)):
    t[i] = i
v_pos, s_pos = [0]*9, [0]*9
v_pos[0] = v0
flag = [1, 3, 5]
for i in range(1, 9):
    if i <= flag[0]:
        v_pos[i] = v_pos[i-1] - 1
        s_pos[i] = s_pos[i-1] + (v_pos[i]**2-v_pos[i-1]**2)/-2
    elif i <= flag[1]:
        v_pos[i] = v_pos[i-1]
        s_pos[i] = s_pos[i-1] + v_pos[i]
    elif i <= flag[2]:
        v_pos[i] = v_pos[i-1] + 1
        s_pos[i] = s_pos[i-1] + (v_pos[i]**2-v_pos[i-1]**2)/2
    else:
        v_pos[i] = v_pos[i-1] - 1
        s_pos[i] = s_pos[i-1] + (v_pos[i]**2-v_pos[i-1]**2)/-2
```

图 3-6　编写程序代码

步骤四：运行程序

在任意空白处右击后，单击右键菜单中的"运行'Case3'"选项，即可运行，如图3-7所示。也可使用快捷键Ctrl+Shift+F10。

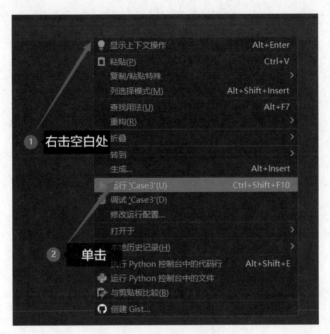

图3-7　运行程序文件

程序运行之后，可以看见程序的运行结果如图3-8所示。

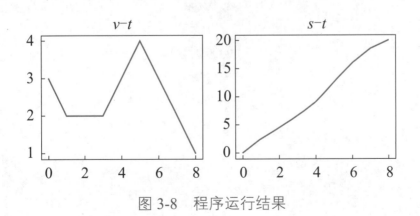

图3-8　程序运行结果

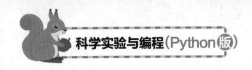

3.4 拓展训练

汽车以 10m/s 的速度在公路上行驶，其前方的自行车以 4m/s 的速度向前做匀速直线运动。汽车为了不碰上自行车，做了加速度大小为 6m/s² 的匀减速运动。汽车开始减速时离自行车的距离为多少才能使汽车恰好不碰上自行车?

第4章
杠杆
作用力

　　古希腊科学家阿基米德最早在《论平面图形的平衡》一书中提出了杠杆原理。

　　战国时代的墨子已经对杠杆有所观察，在《墨子·经说下》中说"衡，加重于其一旁，必捶，权重相若也。相衡，则本短标长。两加焉重相若，则标必下，标得权也"。这两句对杠杆的平衡讲得很全面。里面有等臂的，有不等臂的；有改变两端重量使它偏动的，也有改变两臂长度使它偏动的。

4.1 物理现象观察

一根硬棒在力的作用下能绕着支点转动，这根硬棒就是杠杆。杠杆是一种简单机械。一根结实的棍子，就能当作一根杠杆了。动力臂大于阻力臂，是省力杠杆；动力臂小于阻力臂，是费力杠杆。动力臂越长越省力，阻力臂越长越费力。省力杠杆费距离，费力杠杆省距离。某些杠杆能够将输入力放大，给出较大的输出力，这个功能称为"杠杆作用"。杠杆的机械利益是输出力与输入力的比率。

4.1.1 杠杆原理介绍

阿基米德有这样一句流传很久的名言："给我一个支点，我就能撬起整个地球！"这句话便是说的杠杆原理，如图4-1所示。阿基米德首先把杠杆实际应用中的一些经验知识当作"不证自明的公理"，然后从这些公理出发，运用几何学，通过严密的逻辑论证得出了杠杆原理。

图 4-1 杠杆原理示意图

这些公理是：

（1）在无重量的杆的两端离支点相等的距离处挂上相等的重量，它们将平衡。

（2）在无重量的杆的两端离支点相等的距离处挂上不相等的重量，重的一端将下倾。

（3）在无重量的杆的两端离支点不相等的距离处挂上相等的重量，距离远的一端将下倾。

（4）一个重物的作用可以用几个均匀分布的重物的作用来代替，只要重心的位置保持不变。相反，几个均匀分布的重物可以用一个悬挂在它们的重心处的重物来代替。

（5）相似图形的重心以相似的方式分布。

正是从这些公理出发，在"重心"理论的基础上，阿基米德发现了杠杆原理，即"二重物平衡时，它们离支点的距离与重量成反比"。阿基米德对杠杆的研究不仅停留在理论方面，而且据此原理还进行了一系列的发明创造。据说，他曾经借助杠杆和滑轮组，使停放在沙滩上的船只顺利下水，在保卫叙拉古免受罗马海军袭击的战斗中，阿基米德利用杠杆原理制造了远、近距离的投石器，利用它射出各种飞弹和巨石攻击敌人，曾把罗马人阻于叙拉古城外达 3 年之久。

4.1.2 问题情境

学习了杠杆原理，大家都知道杠杆在动力和阻力的共同作用下，当动力 × 动力臂＝阻力 × 阻力臂时，杠杆处于平衡状态。在实际生活中，有很多地方都是运用了杠杆平衡的原理，如生

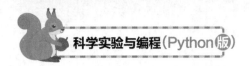

活中的垃圾桶、指甲剪等。从古至今，人们运用杠杆原理的实例比比皆是。在日常生活中，购买瓜果蔬菜时最常用到的就是天平秤，天平秤一端放需要称重的物品，另外一端放上各种不同重量的砝码。

下面来做一个杠杆平衡的实验。

一个杠杆的两边挂着两个石头，初始时石头大小相同，它们到杠杆支点的距离也相同，此时杠杆平衡。而一旦改变其中一个石头的大小，此时平衡就会被打破，那怎么样恢复新的平衡呢？除了改变另一个石头的大小之外，还有个简单的办法就是改变石头在杠杆上的位置，调节石头离支点的距离，也就是力臂的大小，来使杠杆重新恢复平衡。模拟杠杆原理的程序，就是采用改变力臂的大小，来满足杠杆的平衡条件。

杠杆的五要素：

（1）支点：杠杆可以绕其转动的点 O。

（2）动力：使杠杆转动的力 F_1。

（3）阻力：阻碍杠杆转动的力 F_2。

（4）动力臂：从支点 O 到动力作用线的距离 l_1。

（5）阻力臂：从支点 O 到阻力作用线的距离 l_2。

当动力 × 动力臂 = 阻力 × 阻力臂，也就是当：

$$F_1 \times L_1 = F_2 \times L_2$$

时，杠杆就平衡了，这就是阿基米德发现的杠杆原理，如图 4-2 所示。

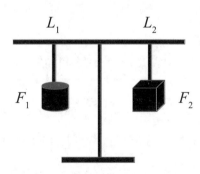

图 4-2　杠杆原理示意图

4.2　算法设计

1. turtle 库介绍

turtle 库也叫海龟库，是 turtle 绘图体系的 Python 实现。turtle 库是 Python 语言的标准库之一，是入门级的图形绘制函数库。

2. turtle 库原理

turtle（海龟）是真实的存在，可以想象成一只海龟在窗体正中间，由程序控制在画布上游走，走过的轨迹形成了绘制的图形，可以变换海龟的颜色和宽度等。这里的海龟就是我们的画笔。

3. turtle 的绘图窗体布局

绘制 turtle 图形首先需要一个绘图窗体，在操作系统上表现为一个窗口，它是 turtle 的一个画布空间。在窗口中使用的最小单位是像素（px），例如，要绘制一个 100 单位长度的直线，就是指 100px 长的直线。

在一个操作系统上，将显示器的左上角坐标定义为 (0,0)，那么我们将窗体的左上角定义为 turtle 绘图窗体的坐标原点，相对于整个显示器坐标为 (startx,starty)。这里可以使用 turtle.setup(width,height,startx,starty) 来设置启动窗体的位置和大小。当然，setup() 函数并不是必需的。而且在 setup() 函数中，startx 和 starty

参数是可选的，如果没有指定这两个参数，那么系统会默认该窗体在显示器的正中心。

4.2.1 编程前准备

（1）下载并安装使用 Python 的 turtle 库。

（2）通过变量来改变两边方块的重量，将两边悬挂的方块重量大小设置为变量。

（3）力矩的大小初始化，力矩就是方块的 X 坐标绝对值。

（4）通过平衡的方程与杠杠的长度，算出平衡时的力矩长。

（5）调整左右力矩不超过物体到支点的距离，画出平衡时的示意图。

程序流程图如图 4-3 所示。

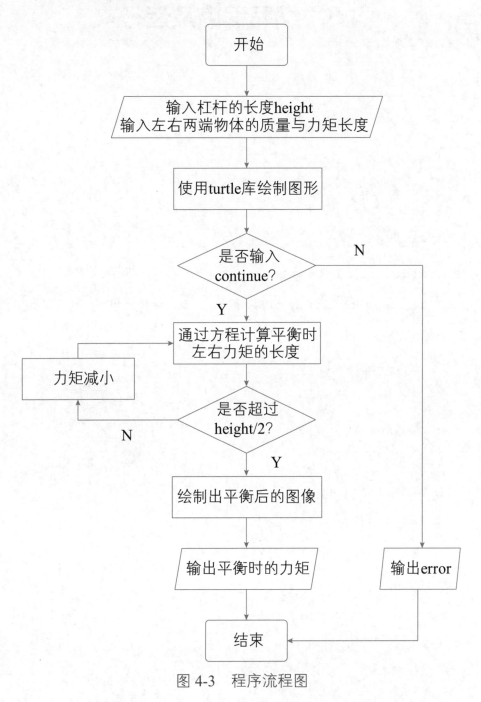

图 4-3　程序流程图

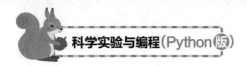

4.3 编写程序及运行

4.3.1 程序代码

```
import turtle
def init(left, mid, right, height):
    turtle.screensize(height, height)
    mid.pu(), left.pu(), right.pu()
    mid.setpos(0, height/2), left.setpos(0, height/2),
right.setpos(0, height/2)
    mid.pensize(10)
    mid.right(90)
    mid.pd()
    mid.fd(height)
    left.left(180)
    left.pd(), right.pd()
    left.fd(height/2), right.fd(height/2)
def main():
    height = int(input())
    left, right, mid = turtle.Turtle(), turtle
.Turtle(), turtle.Turtle()
    left.hideturtle(), right.hideturtle(), mid
```

```
.hideturtle()

    init(left, mid, right, height)

    m = input().split(' ')

    l = input().split(' ')

    m1, m2 = float(m[0]), float(m[1])

    l1, l2 = float(l[0]), float(l[1])

    left.pu(), right.pu()

    left.setx(-l1), right.setx(l2)

    left.right(-90), right.left(-90)

    left.pd(), right.pd()

    left.fd(height/2), right.fd(height/2)

     left.dot(int(height/6), "black"), right
.dot(int(height/6), "black")


    l2_balance = height * m2 / (m2 + m1)

    l1_balance = m1 * l2_balance / m2


    if turtle.textinput('Caution', '输入continue以计算
平衡状态') == 'continue':

        left.reset(), mid.reset(), right.reset()

        left.hideturtle(), mid.hideturtle(), right
.hideturtle()

        init(left, mid, right, height)


        while l2_balance > height/2 or l1_balance >
```

```
height/2:
                if l1_balance > height/2:
                    l1_balance -= 1
                    l2_balance = l1_balance * m2 / m1
                else:
                    l2_balance -= 1
                    l1_balance = l2_balance * m1 / m2
            left.pu(), right.pu()
            left.setx(-l1_balance), right.setx(l2_balance)
            left.right(-90), right.left(-90)
            left.pd(), right.pd()
            left.fd(height / 2), right.fd(height / 2)
            left.dot(int(height / 6), "black"), right
.dot(int(height / 6), "black")
            print(l1_balance, l2_balance)
        else:
            print('error')


    turtle.done()
  if __name__ == "__main__":
    main()
```

4.3.2 运行程序

步骤一：配置环境 -------------------------------

安装 turtle 库。

在下方唤起终端后，输入命令"pip3 install turtle"即可。

步骤二：新建文件 -------------------------------

在刚才新建的项目中，右击左侧项目栏，在弹出的选择栏
中选择"新建"→"Python 文件"，单击后，在页面中间弹出
的命名栏中输入文件名"Case4"，并选择"Python 文件"，回车，
即可新建成功，如图4-4和图4-5所示。

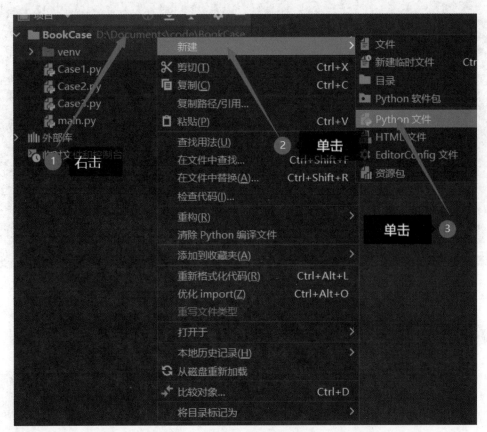

图4-4 新建工程文件

转到文件 Ctrl+Shift+N

新建 Python 文件

Case4

Python 文件

Python 单元测试

Python 存根

图4-5　命名新建文件

步骤三：编写代码

将案例的代码粘贴至 Case4.py 中，如图4-6所示。

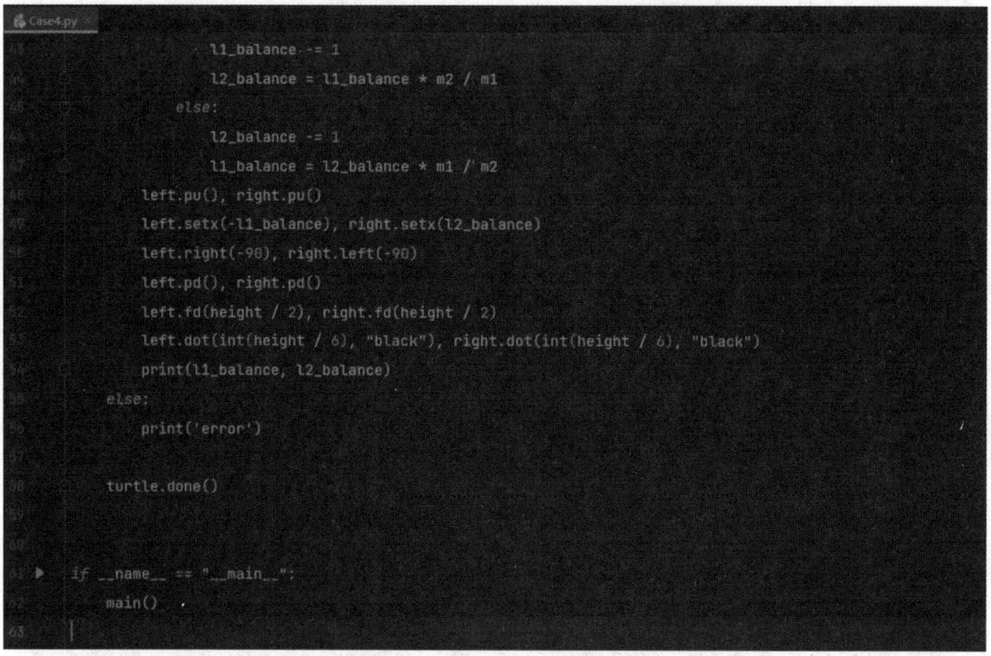

```
        l1_balance -= 1
        l2_balance = l1_balance * m2 / m1
    else:
        l2_balance -= 1
        l1_balance = l2_balance * m1 / m2
    left.pu(), right.pu()
    left.setx(-l1_balance), right.setx(l2_balance)
    left.right(-90), right.left(-90)
    left.pd(), right.pd()
    left.fd(height / 2), right.fd(height / 2)
    left.dot(int(height / 6), "black"), right.dot(int(height / 6), "black")
    print(l1_balance, l2_balance)
else:
    print('error')


turtle.done()



if __name__ == "__main__":
    main()

```

图4-6　编写程序代码

步骤四：运行程序

在任意空白处右击后，单击右键菜单中的"运行
'Case4'"选项，即可运行，如图4-7所示。也可使用快捷键
Ctrl+Shift+F10。

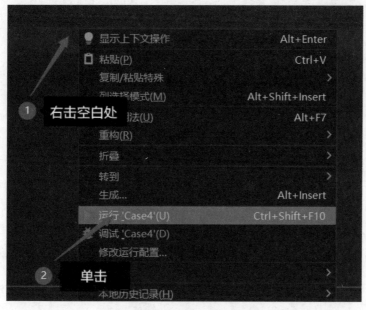

图 4-7　运行程序文件

在下方的控制台中输入数据，如图 4-8 所示。

500

200 100

50 50

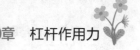

图 4-8　程序执行过程

之后，可以看见程序的运行结果如图 4-9 所示，在弹出的对话框中输入"continue"后，程序会继续运行，结果如图 4-10 所示，并在控制台输出了平衡时的条件，如图 4-11 所示。

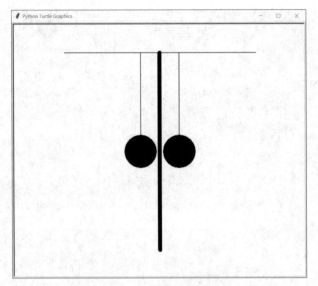

图 4-9 程序运行结果 1

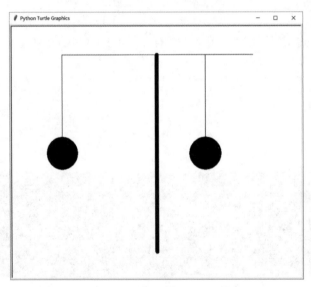

图 4-10 程序运行结果 2

图 4-11 程序运行结果 3

56

4.4 拓展训练

　　一人挑扁担，扁担长 1.6m。在两端分别挂 400N 和 600N 的重物时，此人应当挑扁担的哪个位置才能保持平衡？两端重物都减少 100N 的时候应当挑哪里？

第5章 压强与压力作用

　　物理学上的压力，是指发生在两个物体的接触表面的作用力，或者是气体对于固体和液体表面的垂直作用力，或者是液体对于固体表面的垂直作用力（物体间由于相互挤压而垂直作用在物体表面上的力，叫作压力）。例如，足球对地面的力、物体对斜面的力、手对墙壁的力等。

　　压力的方向是垂直于接触面，并指向被压物体（注意："垂直"与"竖直"意义不同），产生条件是物体之间接触且发生相互挤压。

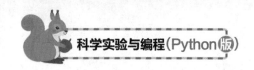

5.1 物理现象观察

　　帕斯卡在 1648 年表演了一个著名的实验：他用一个密闭的装满水的桶，在桶盖上插入一根细长的管子，从楼房的阳台上向细管子里灌水。结果只用了一杯水，就把桶压裂了，桶里的水从裂缝中流了出来。原来由于细管子的容积较小，一杯水灌进去，其深度也是很大的。

　　这就是历史上有名的帕斯卡桶裂实验。一个容器里的液体，对容器底部（或侧壁）产生的压力远大于液体自身的重力，这对许多人来说是不可思议的。

5.1.1 压力与压强原理介绍

　　物体所受压力的大小与受力面积之比叫作压强，符号为 p（pressure）。压强用来比较压力产生的效果，压强越大，压力的作用效果越明显。压强的计算公式是：$p=F/S$，压强的单位是帕斯卡（简称帕），符号是 Pa。

　　增大压强的方法有：在受力面积不变的情况下增加压力或在压力不变的情况下减小受力面积。

　　减小压强的方法有：在受力面积不变的情况下减小压力或在压力不变的情况下增大受力面积。

　　液体内部压强的特点是：液体由内部向各个方向都有压强；

压强随深度的增加而增加；在同一深度，液体向各个方向的压强相等；液体压强还跟液体的密度有关，液体密度越大，压强也越大。液体内部压强的大小可以用压强计来测量。

压力与压强的关系：

（1）受力面积一定时，压强随着压力的增大而增大（此时压强与压力成正比）。

（2）同一压力作用在支承物的表面上，若受力面积不同，所产生的压强大小也有所不同。受力面积小时，压强大；受力面积大时，压强小。

（3）压力和压强是截然不同的两个概念：压力是支持面上所受到的并垂直于支持面的作用力，跟支持面面积、受力面积大小无关。

① 压强是物体单位面积受到的。

② 压力跟受力面积和压力大小有关。

（4）压力、压强的单位是有区别的。压力的单位是 N，跟一般力的单位是相同的。压强的单位是一个复合单位，它是由力的单位和面积的单位组成的。在国际单位制中是 N/m^2，称为"帕斯卡"，简称"帕"。

5.1.2　问题情境

在桌子上放置一瓶矿泉水，在瓶子侧壁上钻几个小孔，会发现水从小孔处喷出，说明水对瓶子壁有压强。家中洗菜池装满水时，要拔起池底出水口的橡皮塞比较费力，说明水对池底有压强。喷泉中的水柱能向上喷出，说明水向上也有压强。由

于液体的流动性，液体向各个方向都有压强。

液体的压强具有以下特点。

（1）在液体内部的同一深处，向各个方向的压强都相等。

（2）深度越深，压强越大。

（3）在深度相同时，液体的密度越大，压强越大。

液体压强内部公式为：

$$p = \frac{F}{S} = \frac{G}{S} = \frac{mg}{S} = \frac{\rho Vg}{S} = \frac{Sh\rho g}{S} = \rho gh$$

在桌子上放置一个水槽，在水槽侧壁上钻几个小孔，水从小孔处喷出。不同位置的孔，水喷出的水柱远近距离不一样（见图5-1）。通过液体内部的压强公式 $p = \rho gh$，很容易就能看出，压强是和水深成正比的。

首先把小孔所在截面以上的水看为一个整体，水压强 × 容器底面积 = 这部分水对下面的压力。压力 × 下降的高度 = 压力做的功 = 水的势能的减少。而压力做的功 = 水在小孔位置的压强 × 水减少的体积 = $\rho g(H-h) \times v = mg(H-h)$。

假设压力所做的功全部转换为小孔中射出水的动能。即，水减少的势能全部转换为动能，就有：

$$mg(H-h) = \frac{1}{2}mv^2$$

求得水喷出的水平速度为：

$$v = \sqrt{2g(H-h)}$$

接下来算喷出的距离。

假设水面的高度离地面为 H，小孔离地面为 h，那么，自由落体 h 高度所需的时间：

$$h = \frac{1}{2}gt^2$$

求得:

$$t = \sqrt{2(H-h)/g}$$

计算射出的距离:

$$S = vt = \sqrt{2gh} \times \sqrt{2(H-h)/g} = 2\sqrt{h(H-h)}$$

当 $h=0.5H$ 时,S 取最大值为 H。也就是,当小孔位于水位中点时,射的距离最远。

还可以得到轨迹方程为:

$$x = v_0 t$$

$$y = h - \frac{1}{2}gt^2$$

消去参数 t 后,得到轨迹方程:

$$y = h - \frac{x^2}{4(H-h)}$$

5.2 案例:绘制水流轨迹

matplotlib 是 Python 的绘图库,它能让使用者很轻松地将数据图形化,并且提供多样化的输出格式。可以用来绘制各种静态、动态、交互式的图表,是一个非常强大的 Python 画图工具,可以使用该工具将很多数据通过图表的形式更直观地呈现出来。可以绘制线图、散点图、等高线图、条形图、柱状图、3D 图形甚至是图形动画等。

pyplot 是 matplotlib 的子库，提供了和 MATLAB 类似的绘图 API。pyplot 是常用的绘图模块，能很方便地让用户绘制 2D 图表。还包含一系列绘图函数的相关函数，每个函数会对当前的图像进行一些修改。例如，给图像加上标记、生成新的图像、在图像中产生新的绘图区域等。使用的时候，可以使用 import 导入 pyplot 库，并设置一个别名 plt：import matplotlib.pyplotas plt。这样就可以使用 plt 来引用 pyplot 包的方法。

5.2.1 编程前准备

（1）下载并安装使用 Python 的 matplotlib 库中的 pyplot。

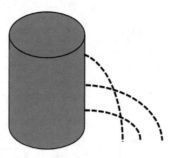

图 5-1 案例图示

（2）设定桶的大小同时定义多个不同高低的圆孔为变量。

（3）计算不同高度圆孔水流喷射的水平初速度。

（4）根据重力和水平初速度绘画出不同的水流流出抛物线。

5.2.2 算法设计

本案例的算法设计如下。

（1）输入桶的高度。

（2）根据输入桶的高度随机生成 10 个高度不同的圆孔。

（3）通过 matplotlib 库中的 pyplot 画出不同高度桶的水流抛物线，探究不同高度的压力和压强对水流的影响。

（4）结束。

程序流程图如图 5-2 所示。

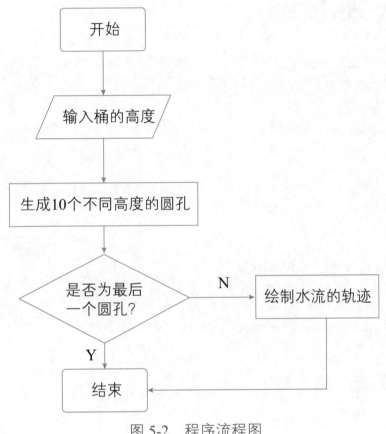

图 5-2　程序流程图

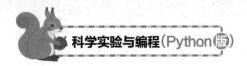

5.3 编写程序及运行

5.3.1 程序代码

```python
import matplotlib.pyplot as plt

import numpy as np


def main():
    plt.ylabel('height')

    plt.xlabel('distance')

    height = int(input())

    plt.ylim(0, height)

    plt.xlim(0, height)

    h = np.linspace(1, height - 1, 10)

    x = np.linspace(0, 10, 100)

    for i in h:

        y = i - x**2 / (4 * (height - i))

        plt.plot(x, y)

    plt.show()


if __name__ == "__main__":

    main()
```

5.3.2 运行程序

步骤一：配置环境

安装 numpy 包与 matplotlib 包（若已安装则可以跳过该步骤）。

在 PyCharm 下方唤起终端后，分别输入"pip3 install numpy"与"pip3 install matplotlib"即可。

步骤二：新建文件

在刚才新建的项目中，右击左侧项目栏，在弹出的右键快捷菜单中选择"新建"→"Python 文件"，单击后，在页面中间弹出的命名栏中输入文件名"Case5"，并选择"Python 文件"，回车，即可新建成功，如图 5-3 和图 5-4 所示。

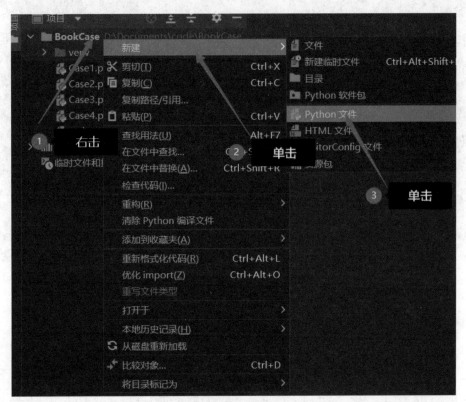

图 5-3 新建工程文件

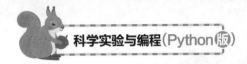

图 5-4　命名新建文件

步骤三：编写代码 --

将案例的代码粘贴至 Case5.py 中，如图 5-5 所示。

```python
import matplotlib.pyplot as plt
import numpy as np

def main():
    plt.ylabel('height')
    plt.xlabel('distance')
    height = int(input())
    plt.ylim(0, height)
    plt.xlim(0, height)
    h = np.linspace(1, height - 1, 10)
    x = np.linspace(0, 10, 100)
    for i in h:
        y = i - x**2 / (4 * (height - i))
        plt.plot(x, y)
    plt.show()

if __name__ == "__main__":
    main()
```

图 5-5　编写程序代码

步骤四：运行程序 --

在任意空白处右击后，单击右键菜单中的"运行'Case5'"选项，即可运行，如图 5-6 所示。也可使用快捷键

Ctrl+Shift+F10。

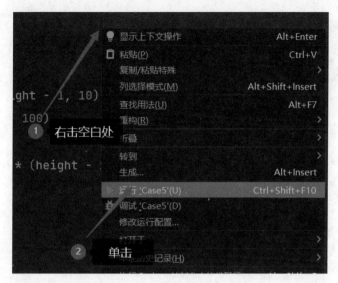

图 5-6　运行程序代码

在下方弹出的控制台处输入桶的高度为 10，得到结果如图 5-7 所示。

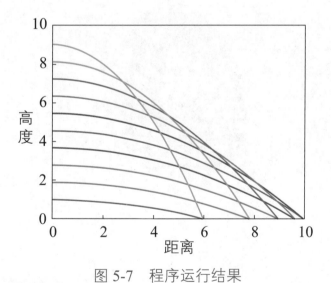

图 5-7　程序运行结果

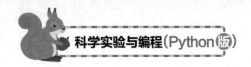

5.4 拓展训练

一个容器中盛有 20cm 的某种液体，液体对液面下 4cm 深处的压强是 540Pa，请绘制从液面下 4cm 处开始往下每 2cm 的压强变化图。

第6章
运动频谱
及周期

　　频谱，又称振动谱。反映振动现象最基本的物理量就是频率，简单周期振动中只有一个频率。复杂运动不能用一个频率描写它的运动情况，而且我们也无法从振动图形上定量描写它们的特点，通常采用频谱来描写一个复杂的振动情况。任何复杂的振动都可以分解为许多不同振幅不同频率的简谐振动之和。为了分析实际振动的性质，将分振动振幅按其频率的大小排列而成的图像称为该复杂振动的频谱。

6.1 物理现象观察

弹簧振子是一种典型的振动，它的特点是小球偏离平衡位置时总是受到一个指向平衡位置的力，称为回复力。水平弹簧振子的回复力就是弹簧弹力，而竖直弹簧振子的回复力是弹力和小球重力的合力。无论是水平弹簧振子，还是竖直弹簧振子，它的回复力总是与位移反向且成正比的。

其实，很多振动都有这种特点：如果一个振动中物体所受的回复力与位移反向且成正比，那么这个物体的运动就称为简谐振动。简谐振动具有共同的特点，如简谐运动的周期公式都是相同的。

生活中有很多简谐振动，例如，将一个浮标放入水中，让浮标受到一个微小的扰动而上下运动，那么浮标就是简谐运动。再如，绳子上悬挂一个小球，小球做微小的左右摆动，就构成单摆，单摆也是简谐运动。

6.1.1 简谐运动概念

简谐运动是最基本也最简单的机械振动。当某物体进行简谐运动时，物体所受的力跟位移成正比，并且总是指向平衡位置。它是一种由自身系统性质决定的周期性运动（如单摆运动和弹簧振子运动）。实际上，简谐振动就是正弦振动。物体受力大小与位移成正比，而方向相反，人们把具有这种特征的振

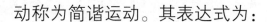

动称为简谐运动。其表达式为：

$$x = A\cos(\omega t + \varphi)$$

其中，A 即为振幅，振幅反映了振动的强度，它是由初始条件决定的。

简谐运动的回复力与位移反向且成正比，而根据牛顿第二定律，加速度与回复力同向且成正比，所以简谐运动的加速度也与位移反向成正比。例如，在坐车时，如果把人随着车上下颠簸看作简谐运动，那么当车在最低点时人向下的位移最大，加速度向上最大，此时人就处于超重状态，座椅对人的支持力就最大。

在简谐运动中，还要讨论的问题是能量。无阻力的简谐运动机械能是守恒的，动能和势能相互转换。以水平弹簧振子为例，动能是小球具有的，势能是弹簧具有的。在平衡位置处弹簧处于原长，势能最小，此时小球最快，动能最大；在两侧振幅处，弹簧的形变量最大，此时势能最大，小球速度为零，动能为零。这个结论对于所有简谐运动都成立，即靠近平衡位置动能大，远离平衡位置势能大。

6.1.2 周期、频率、圆频率

物体经过一次全振动所经历的时间叫作振动的周期，用 T 表示。与周期密切相关的是频率，即单位时间内物体所做的完全振动次数叫作频率，用 f 表示。

2π 秒内所作的完全振动次数叫作圆频率（角频率），即上述运动方程中的 ω。它与周期 T 和频率 f 之间的关系为

$\omega=2\pi f$、$\omega=2\pi/T$。

简谐运动的圆频率是由系统的力学性质所决定的，故又称为固有圆频率。例如，弹簧振子的圆频率公式如下：

$$w=\sqrt{\dfrac{k}{m}}$$

其中，k 和 m 分别表示弹簧振子的刚度和质量。对于给定的弹簧振子，圆频率仅与自身的刚度和质量有关，是由本身的性质所决定的。

6.1.3　简谐运动的应用

简谐振动是最简单、最基本的振动，任何复杂的振动都可视为若干个简谐运动的合成。而振动和波动的基本规律又是声学、地震学、电工学、电子学、光学等的基础。线性电路中当激励（电压源或电流源）按某一正弦规律变化，响应（电压或电流）也为同频率的正弦量时，电路的这种工作状态称为正弦稳态。此时的电路称为正弦稳态电路，或正弦交流电路。

6.1.4　问题情境

简谐运动图像能够反映简谐运动的运动规律，因此将简谐运动图像跟具体运动过程联系起来是讨论简谐运动的一种好方法。为了探究简谐运动的运动规律和图像变化特点，设计如图 6-1 所示单摆模型。

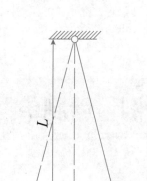

图 6-1 单摆运动示意图

假设无空气阻力，由牛顿力学，单摆的运动可做如下描述。

首先可以得到，重力对单摆的力矩为：

$$M = -mgl\sin\theta$$

其中，m 为质量，g 是重力加速度，l 是摆长，θ 是单摆与竖直方向的夹角。注意，θ 是矢量，这里取它在正方向上的投影。

我们希望得到摆角 θ 的关于时间的函数，来描述单摆运动。由角动量定理我们知道：

$$M = I\beta$$

其中，$I = ml^2$ 是单摆的转动惯量，β 为角速度，于是可以得到一个常微分方程：

$$\frac{\mathrm{d}^2\theta}{\mathrm{d}t^2} + \frac{g}{l}\sin\theta = 0$$

由此便可得到任意时刻的 θ 值。

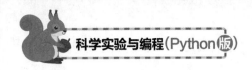

6.2 案例：绘制单摆动态图

6.2.1 实验前准备

（1）根据 Python 的 pyplot 包构建模型。

（2）使用 np.linspace 构造时间序列，在 numpy 中的 linspace() 函数类似于 arange()、range() 函数。arange()、range() 可以通过指定开始值、终值和步长创建一维等差数组，但其数组中不包含终值。通过 print(help(np.linspace)) 可查看 linspace() 函数：

```
numpy.linspace(start, stop[, num=50[, endpoint=True[,
retstep=False[, dtype=None]]]])
```

返回在指定范围内的均匀间隔的数字（组成的数组），也即返回一个等差数列。

（3）使用 scipy.integrate.odeint() 方法解常微分方程。odeint() 函数是 scipy 库中一个数值求解微分方程的函数。odeint() 函数需要至少三个变量，第一个是微分方程函数，第二个是微分方程初值，第三个是微分的自变量。

（4）使用 pyplot 中的 animation 包画出单摆的动态图。

```
matplotlib.animation.FuncAnimation(fig, func,
frames=None, init_func=None, fargs=None, save_count=None,
```

**kwargs)

- fig 是要绘制的图片（plt.subplots(xxx) 或者 plt.figure() 返回的）。

- func 是每帧都会调用的一个函数，其输入是接下来提到的 frames。

- frames 是一个可迭代对象，每过一个 interval 的时间长度，库会自动调用 func 并将下一个 frame 传给它。

- interval 是以毫秒计量的帧间隔（输出帧率默认与这个匹配）。

- init_func 语义上要求提供一个清空帧的方法，如不指定，则传入第一个 frame 进行更新。

- repeat 控制动画是否重复，布尔值，默认为真；可通过 repeat_delay 添加重播前的延迟。

- save_count 是缓存帧数，修改这个参数对解决卡顿有好处。

6.2.2 算法设计

本案例的程序流程图如图 6-2 所示。

（1）构造时间序列。

（2）为摆线的长度以及小球的质量进行赋初始值。

（3）通过 odeint() 方法求解出 theta。

（4）调用 FuncAnimation() 方法绘制出单摆的动态图。

（5）结束。

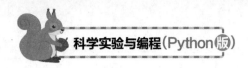
科学实验与编程(Python版)

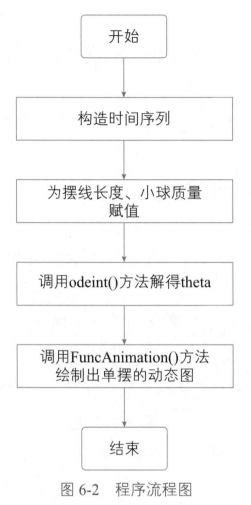

图 6-2　程序流程图

6.3　编写程序及运行

6.3.1　程序代码

```
from scipy.integrate import odeint

import numpy as np

import matplotlib.pyplot as plt
```

78

```
from matplotlib import animation

# g = 9.8

# m = 1

def pendulum(y, t, g, m, l):

    theta, omega = y

    d_theta = omega

    d_omega = g / l * np.sin(theta)

    return d_theta, d_omega

g = 9.8

m = 1

l = 1

t = np.linspace(0, 20, 1000)

y0 = np.array([np.pi * 1 / 2, 1])

# 使用 odient() 进行求值

result = odeint(pendulum, y0, t, args=(g, m, l))

fig = plt.figure()

ax = fig.add_subplot(111, autoscale_on=False, xlim=(-2,
2), ylim=(-2, 2))

ax.set_aspect('equal')

ax.grid()

line, = ax.plot([], [], 'o-', lw=2)

time_template = 'time = %.1fs'

time_text = ax.text(0.05, 0.9, '', transform=ax.
transAxes)

theta_ = np.linspace(0, np.pi * 2, 100)
```

```
    x_round = np.cos(theta_)

    y_round = np.sin(theta_)

    ax.plot(x_round, y_round)



def init():

    line.set_data([], [])

    time_text.set_text('')

    return line, time_text
```

```
def update(frame):

    theta = result[:, 0][frame]

    x = [0, np.sin(theta) * l]

    y = [0, np.cos(theta) * l]

    time_text.set_text('time = %.1fs' % (0.02 * frame))

    line.set_data(x, y)

    return line, time_text



ani = animation.FuncAnimation(fig, update, range(0,
len(result)), init_func=init, interval=60, blit=True)

    plt.show()
```

6.3.2 运行程序

步骤一：配置环境

安装 numpy、matplotlib、scipy 包。

在 PyCharm 下方唤起终端，分别输入以下命令。

Pip3 install numpy

Pip3 install matplotlib

Pip3 install scipy

即可安装。

步骤二：新建文件

在刚才新建的项目中，右击左侧项目栏，在弹出的右键菜单中选择"新建"→"Python 文件"，单击后，在页面中间弹出的命名栏中输入文件名"Case6"，并选择"Python 文件"，回车，即可新建成功，如图 6-3 所示。

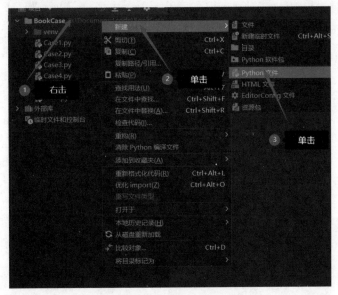

图 6-3　新建工程文件

步骤三：编写代码

将案例的代码粘贴至 Case6.py 中，如图 6-4 所示。

```python
from scipy.integrate import odeint
import numpy as np
import matplotlib.pyplot as plt
from matplotlib import animation


# g = 9.8
# m = 1


def pendulum_(y, t, g, m, l):
    theta, omega = y
    d_theta = omega
    d_omega = g / l * np.sin(theta)
    return d_theta, d_omega


g = 9.8
m = 1
l = 1
t = np.linspace(0, 20, 1000)
```

图 6-4　编写程序代码

步骤四：运行程序

在任意空白处右击后，单击右键菜单中的"运行 'Case6'"选项，即可运行，如图 6-5 所示。也可使用快捷键 Ctrl+Shift+F10。

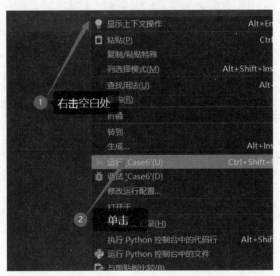

图 6-5 运行程序文件

之后，可以看见程序的运行结果如图 6-6 所示。

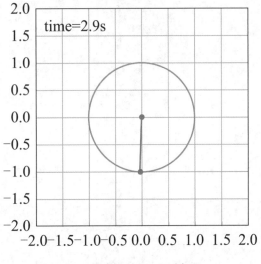

图 6-6 程序运行结果

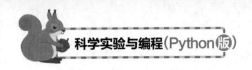

6.4 拓展训练

一个质量为 m 的质点沿 Y 轴做简谐运动，其振动方程为 $y=0.06\cos(5t - \pi/2)m$。质点运动到什么位置时，其动能与势能相等？质点从平衡位置处移动到动能与势能相等位置处所需要的最短时间是多少？画出旋转矢量图。

第 7 章
化学方程式
配平

化学方程式能提供很多有关反应的信息,能将反应中的反应物、生成物及各种粒子的相对数量关系(即化学反应的"质"与"量"的关系)清楚地表示出来。化学方程式反映了化学反应的客观事实。因此,书写化学方程式要以客观事实为基础,遵守质量守恒定律,等号两边的反应物和生成物各原子的种类和数目一定要相等。通常情况下,写出化学方程式的反应物和生成物后,左右两边各原子数目可能并不相等,不满足质量守恒定律,这就需要通过配平来解决。在化学方程式左、右两边的化学式前面配上适当的化学计量数,使得每一种元素的原子总数相等,这个过程就是化学方程式的配平。

本章将通过对化学方程式配平和 Python 相关知识的介绍,结合给出的案例,编程实现化学方程式的配平。

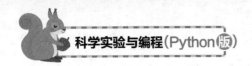

7.1 化学现象观察

木炭在氧气中燃烧生成二氧化碳的化学方程式为：

$$C+O_2 \xrightarrow{\text{点燃}} CO_2$$

观察上式可以看出，等号左边 C 原子个数为 1，O 原子个数为 2；等号右边 C 原子个数为 1，O 原子个数为 2；等号左边原子总个数为 3，等号右边原子总个数为 3。该化学方程式等号两边的原子种类和数目都相等，这个化学方程式就称为配平了。但并不是所有的化学方程式都这么简单。例如，氢气与氧气反应生成水：

$$H_2+O_2 \xrightarrow{\text{点燃}} H_2O$$

在这个式子中，式子左边的 H 原子个数为 2，O 原子个数为 2；式子右边的 H 原子个数为 2，O 原子个数为 1。式子右边的 O 原子数少于左边的，这时为使式子两边每种元素原子的总数相等，就需要配平，即在式子两边的化学式前面配上适当的化学计量数。

在 H_2 前配上 2，在 H_2O 前配上 2，式子两边的 H 原子、O 原子数目就都相等了，即化学方程式配平了。

7.2　案例：化学方程式配平生成器

利用最小公倍数法来配平化学方程式：

（1）找出原子个数较多，且在反应式两边各出现一次的原子，求它的最小公倍数。

（2）推出各化学式的系数。

例如：

第一步：$P+O_2\text{——}P_2O_5$

第二步：$P+5O_2\text{——}2P_2O_5$

第三步：$4P+5O_2\xlongequal{\text{点燃}}2P_2O_5$

7.2.1　编程前准备

（1）熟悉简单的正则表达式，通过 re.match(),re.findall() 等方法快速匹配方程式中的化学物质以及其含有的元素。

（2）熟悉线性方程组的解法，通过高斯消元的方法计算出线性方程组的解。

（3）熟悉 Python 中类的构造方法，能够写出一个简单的类。

7.2.2　算法设计

本案例是对输入的化学方程式进行配平的编程，其程序流程主要分为以下几个步骤。

87

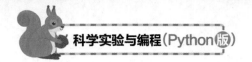
（1）输入化学方程式。

（2）找出反应物和生成物。

（3）明确方程式中含有的物质及其含有的元素。

（4）计算各原子个数。

（5）求解各物质的化学计量系数并输出。

程序流程图如图 7-1 所示。

图 7-1　程序流程图

7.3 编写程序及运行

7.3.1 程序代码

```
import re
def gcd(a, b):
    if a % b == 0:
        return b
    else:
        return gcd(b, a % b)
def lcm(a, b):
    return a / gcd(a, b) * b




class frac(object):
    def __init__(self, a, b):
        self.a, self.b = a, b

    def reduce(self):
        x = gcd(self.a, self.b)
        self.a, self.b = self.a / x, self.b / x
```

```
        def __add__(self, other):
            return frac(self.b * other.a + self.a * other.b,
self.b * other.b)


        def __sub__(self, other):
            if other.a == 0 and other.b == 0:
                return self
            elif self.a == 0 and self.b == 0:
                return frac(-other.a, other.b)
            else:
                return frac(self.a * other.b - self.b *
other.a, self.b * other.b)


        def __mul__(self, other):
            return frac(self.a * other.a, self.b * other.b)


        def __truediv__(self, other):
            return frac(self.a * other.b, self.b * other.a)


        def __lt__(self, other):
            return self.a * other.b < self.b * other.a


        def __gt__(self, other):
            return self.a * other.b > self.b * other.a
```

```
    def __eq__(self, other):
        return self.a * other.b == self.b * other.a


    def __abs__(self):
        self.a = abs(self.a)
        self.b = abs(self.b)
        return self


matrix = [[frac(0, 0) for i in range(6)] for j in
range(6)]
B = [frac(0, 0) for k in range(6)]
element = {}
ans = []


def gauss(dim):
    global matrix
    global B
    for i in range(1, dim):
        for j in range(i, dim):
            ratio = matrix[j][i-1]/matrix[i-1][i-1]
            for k in range(i-1, dim):
                matrix[j][k] = matrix[j][k] -
matrix[i-1][k] * ratio
```

```
            B[j] = B[j] - B[i-1] * ratio
    B[dim-1] = B[dim-1]/matrix[dim-1][dim-1]
    for i in range(dim-2, -1, -1):
        for j in range(dim-1, i, -1):
            B[i] = B[i] - matrix[i][j] * B[j]
        B[i] = B[i] / matrix[i][i]


def main():
    equation = input().split(' ')
    pos = 0
    cnt = 0
    # 得到每个元素在矩阵中的位置
    for i in range(len(equation)):
        if equation[i] == "==":
            pos = i
            break
        else:
                temp = re.findall('[A-Z][a-z]?',
equation[i])
            for j in temp:
                if j not in element:
                    element[j] = cnt
                    cnt += 1
```

```
    equation_l = [equation[i] for i in range(pos) if
equation[i] != "+"]

    equation_r = [equation[i] for i in range(pos + 1,
len(equation)) if equation[i] != "+"]

    cnt = 0
    for i in equation_l:
            atom = re.findall('[A-Z][a-z]?\\
d*|\\((?:[^()]*(?:\\(.*\\))?[^()]*)+\\)\\d+', i)
        for j in atom:
            if re.search('[0-9]', j) is None:
                matrix[element[j]][cnt] = frac(1, 1)
            else:
                x = int(re.search('\\d', j).group()) -
int('0')
                matrix[element[re.match('[A-Z][a-z]?',
j).group()]][cnt] = frac(x, 1)
        cnt += 1


    for i in equation_r:
            atom = re.findall('[A-Z][a-z]?\\
d*|\\((?:[^()]*(?:\\(.*\\))?[^()]*)+\\)\\d+', i)
        for j in atom:
            if re.search('[0-9]', j) is None:
                matrix[element[j]][cnt] = frac(-1, 1)
            else:
```

```
                x = int(re.search('\\d', j).group()) -
int('0')
                matrix[element[re.match('[A-Z][a-z]?',
j).group()]][cnt] = frac(-x, 1)
        cnt += 1


    for i in range(cnt):
        B[i] = matrix[i][cnt - 1].__abs__()
    gauss(cnt - 1)
    ans = [0 for i in range(cnt)]
    temp = lcm(B[0].b, 1)
    for i in range(1, cnt - 1):
        temp = lcm(temp, B[i].b)
    for i in range(cnt - 1):
        ans[i] = B[i].a * temp / B[i].b
    ans[cnt-1] = temp
    temp = gcd(ans[0], ans[1])
    for i in ans:
        temp = gcd(temp, i)
    for i in range(len(ans)):
        ans[i] = int(ans[i] / temp)


    print(ans)
```

```
if __name__ == "__main__":
    main()
```

7.3.2 运行程序

步骤一：新建文件

在刚才新建的项目中，右击左侧项目栏，在弹出的右键菜单中选择"新建"→"Python 文件"，单击后，在页面中间弹出的命名栏中输入文件名"Case7"，并选择"Python 文件"，回车，即可新建成功，如图7-2和图7-3所示。

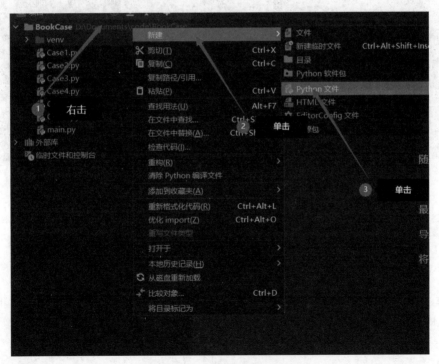

图 7-2 新建工程文件

图 7-3　命名工程文件

步骤二：编写代码

将案例的代码粘贴至 Case7.py 中，如图 7-4 所示。

```
            B[i] = matrix[i][cnt - 1].__abs__()
        gauss(cnt - 1)
        ans = [0 for i in range(cnt)]
        temp = lcm(B[0].b, 1)
        for i in range(1, cnt - 1):
            temp = lcm(temp, B[i].b)
        for i in range(cnt - 1):
            ans[i] = B[i].a * temp / B[i].b
        ans[cnt-1] = temp
        temp = gcd(ans[0], ans[1])
        for i in ans:
            temp = gcd(temp, i)
        for i in range(len(ans)):
            ans[i] = int(ans[i] / temp)


        print(ans)


    if __name__ == "__main__":
        main()
```

图 7-4　编写程序代码

步骤三：运行程序

在任意空白处右击后，单击弹出选择栏中的"运行 'Case7'"选项，即可运行，如图 7-5 所示。也可使用快捷键 Ctrl+Shift+F10。

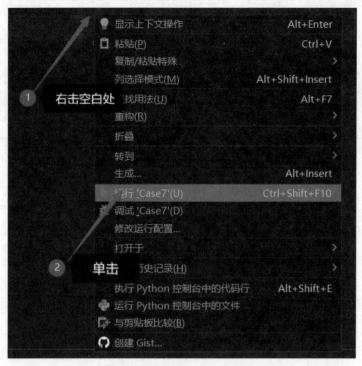

图 7-5　运行程序文件

在下方弹出的控制台中输入"P + O2 == P2O5"，可以看见程序的运行结果如图 7-6 所示。

图 7-6　程序运行结果

7.4　拓展训练

试配平下面的化学方程式：

$$KMnO_4 + HCl(浓) = KCl + MnCl_2 + Cl_2 + H_2O$$

第8章
光的反射
与折射

　　光遇到桌面、水面以及其他许多物体的表面都会发生反射，正是因为物体反射的光进入了我们的眼睛，使我们能够看见不发光的物体。

　　生活中，池水的实际深度会超过我们所看到的深度；将筷子放入装有水的玻璃杯中，可以看到筷子是折断的，不在一条直线上。为什么我们看到的现象和实际现象不一样呢？这些现象与光的折射现象有关。

　　本章将通过对光的反射与折射和 Python 相关知识的介绍，结合科赫雪花案例，编程实现科赫雪花的绘制。

8.1 化学现象观察

1. 观察光的反射现象

（1）将一个平面镜斜对着太阳光，观察光斑的位置；改变平面镜放置的角度，再次观察光斑的位置。

（2）探究光的反射规律，如图 8-1 所示。

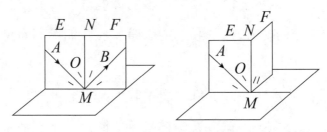

图 8-1　光的反射实验

① 把一个平面镜放在水平桌面上，再把一张纸板竖直地立在平面镜上，纸板上的直线 ON 垂直于镜面。

② 让一束红光贴着纸板沿着某一角度射到 O 点，经平面镜反射，沿着另一方向射出，在纸板上用笔描出入射光线 OA 和反射光线 OB 的径迹。改变入射光线的方向，重做两次，换用另一种颜色的笔，记录光的径迹。

③ 取下纸板，用量角器测量 ON 两侧的角 AON 和角 BON。

④ 将纸板右半部分沿 MN 向后折叠，观察红光。

通过上述实验，观察现象，可以得出光的反射规律。

① 反射光线、入射光线、法线都在同一平面内。

② 反射光线、入射光线分居法线两侧。

③ 反射角等于入射角。

2. 观察光的折射现象

（1）把铅笔放入装有水的水槽中，观察现象。

（2）探究光的折射规律，如图 8-2 所示。

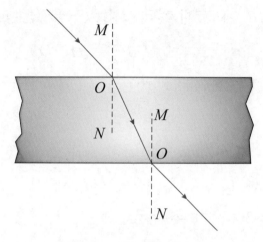

图 8-2　光的折射实验

① 将光束以某一角度从空气射入玻璃砖中，观察进入玻璃砖内部的折射光线的位置，比较入射角和折射角的大小。

② 改变入射角的大小，重做实验两次。

③ 将光束沿法线方向垂直射向玻璃砖，观察折射光线的方向。

通过上述实验，观察现象，可以得出光的折射规律。

① 光从空气斜射入水或其他介质中时，折射光线向法线方向偏折，折射角小于入射角。

② 当入射角增大时，折射角也增大；当入射角减小时，折

射角也减小。

③ 当光从空气垂直射入水中或其他介质中时，传播方向不变。

8.2 案例：绘制科赫雪花曲线

给定线段 *AB*，科赫曲线可以由以下步骤生成。

（1）将线段分成三等份（*AC*、*CD*、*DB*）。

（2）以 *CD* 为底，向外（内外随意）画一个等边三角形 *DMC*。

（3）将线段 *CD* 移去。

（4）分别对 *AC*、*CM*、*MD*、*DB* 重复步骤（1）~（3）。

图示如图 8-3 和图 8-4 所示。

A ——————————————————— *B*

图 8-3　初始状态图

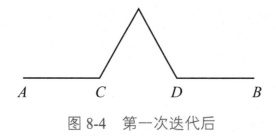

图 8-4　第一次迭代后

8.2.1　编程前准备

（1）安装 turtle 库，在命令行中输入命令：

```
pip install turtle
```

（2）turtle 库绘制原理：有一只海龟在窗体正中心，在画布上游走，走过的轨迹形成了绘制的图形，海龟由程序控制，可以自由改变颜色、方向、宽度等。

（3）常用函数。

turtle.goto(x,y)：移动到坐标为 (x,y) 的位置。

turtle.left(angle)/turtle.right(angle)：向左 / 右转 angle 度。

turtle.penup()/turtle.pendown()：抬起 / 落下画笔。

turtle.forward(d)：向前行进 d 距离。

8.2.2　算法设计

本案例是绘制科赫雪花曲线的程序编写，其程序流程主要分为以下几个步骤。

（1）定义曲线的相关参数。

（2）根据案例描述步骤逐步绘制出曲线。

本案例算法设计流程图如图 8-5 所示。

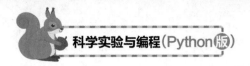

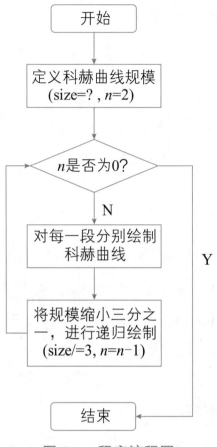

图 8-5　程序流程图

8.3　编写程序及运行

8.3.1　程序代码

```python
import turtle

def koch(size, n):
    if n == 0:
        turtle.forward(size)
```

```
        return
    else:
        for angle in [0, 60, -120, 60]:
        turtle.left(angle)
        koch(size / 3, n - 1)


def main():
    turtle.penup()
    turtle.goto(-250,0)
    turtle.pendown()
    koch(500, 2)


if __name__ == "__main__":
    main()
```

8.3.2 运行程序

步骤一：配置环境

（1）安装 turtle 包。

（2）在 PyCharm 下方唤起终端，输入以下命令。

pip3 install turtle

步骤二：新建文件

在刚才新建的项目中，右击左侧项目栏，在弹出的右键菜

单中选择"新建"→"Python 文件",单击后,在页面中间弹出的命名栏中输入文件名"Case8",并选择"Python 文件",回车,即可新建成功,如图 8-6 和图 8-7 所示。

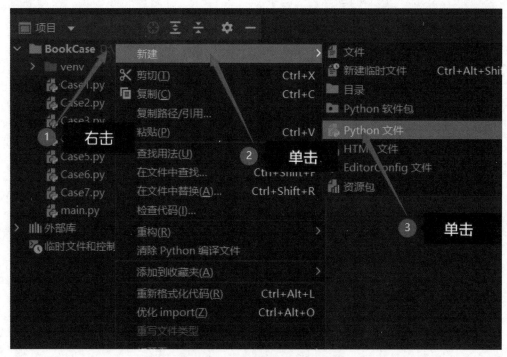

图 8-6 新建工程文件

图 8-7 命名新建文件

步骤三:编写代码

将案例的代码粘贴至 Case8.py 中,如图 8-8 所示。

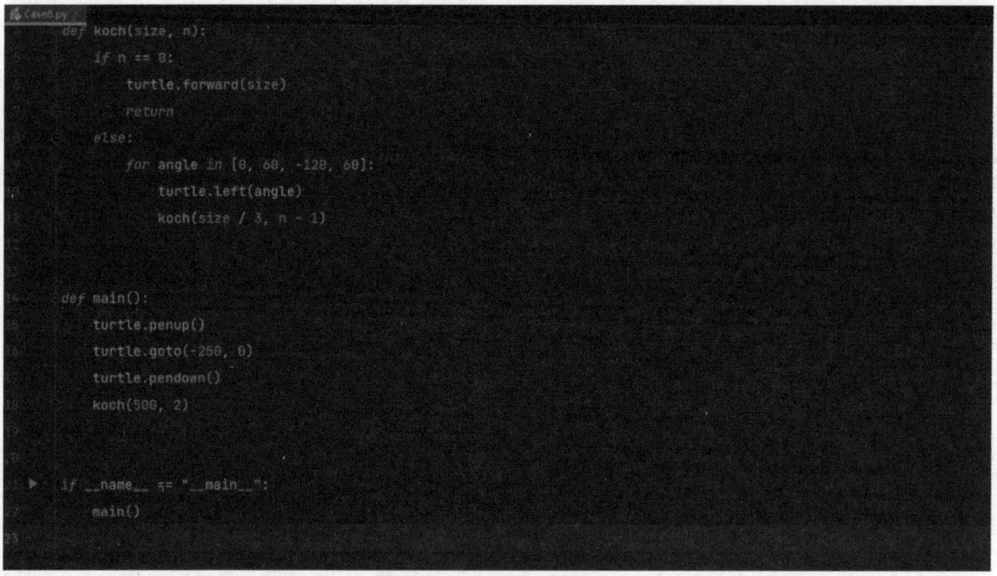

Case8.py
def koch(size, n):
    if n == 0:
        turtle.forward(size)
        return
    else:
        for angle in [0, 60, -120, 60]:
            turtle.left(angle)
            koch(size / 3, n - 1)
def main():
    turtle.penup()
    turtle.goto(-250, 0)
    turtle.pendown()
    koch(500, 2)
if __name__ == "__main__":
    main()

图 8-8　编写程序代码

步骤四：运行程序

在任意空白处右击后，单击右键菜单中的“运行 'Case8'”选项，即可运行，如图 8-9 所示。也可使用快捷键 Ctrl+Shift+F10。

显示上下文操作　Alt+Enter
粘贴(P)　Ctrl+V
复制/粘贴特殊
列选择模式(M)　Alt+Shift+Insert
查找用法(U)　Alt+F7
重构(R)
折叠
转到
生成...　Alt+Insert
运行 'Case8'(U)　Ctrl+Shift+F10
调试 'Case8'(D)
修改运行配置...
打开于
历史记录(H)
执行 Python 控制台中的代码行　Alt+Shift+E
运行 Python 控制台中的文件
与剪贴板比较(B)
创建 Gist...
1 右击空白处
2 单击

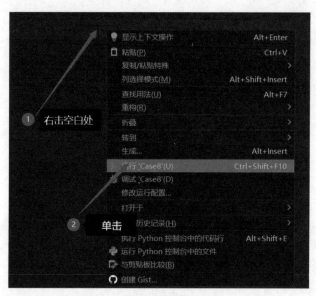

图 8-9　运行程序文件

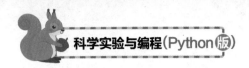
科学实验与编程(Python版)

程序运行之后，可以看见程序的运行结果如图 8-10 所示，生成了阶数为 2 的科赫雪花曲线。

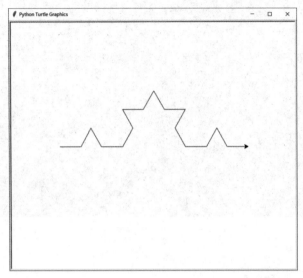

图 8-10　程序运行结果

8.4　拓展训练

请通过科赫曲线绘制出一片完整的雪花，并求其周长和面积。

第9章
计算凸透镜
焦距

  凸透镜是根据光的折射原理制成的，是一种中间厚、边缘薄的透镜，因其对光线有会聚作用又被称为聚光透镜。在生活中，凸透镜有着很广泛的应用，例如，用来拍摄照片的照相机、课堂上的投影仪、做实验时用的放大镜、爷爷奶奶戴着的老花镜等都是凸透镜。本章将根据凸透镜的成像规律探究如何计算未知焦距凸透镜的焦距。

  本章将物理知识运用到实践中去解决具体的问题，将物理实验与数据处理相结合，利用 Python 实现对实验数据的记录与可视化，通过绘制实验数据图像并利用之前所学的物理知识进行分析，计算所给凸透镜的焦距，并在实验与编程过程中逐步引导学生体会物理学科的乐趣以及利用编程解决实际问题的一般步骤。

9.1 物理现象观察

凸透镜成像规律是一种光学定律。在光学中，由实际光线会聚而成，且能在光屏上呈现的像称为实像；由光线的反向延长线会聚而成，且不能在光屏上呈现的像称为虚像。通常，实像都是倒立的，而虚像都是正立的。凸透镜的成像规律使得凸透镜在生活中有着广泛的应用。本案例反其道而行之，通过带领学生设计实验探究未知凸透镜的焦距，带领学生一起参与分析问题、设计解决方案、实验探究、得出结论、总结分析等环节，培养学生对物理学科的兴趣，体会用编程解决问题的过程，同时加深学生对于凸透镜成像规律的记忆。

1. 凸透镜成像规律介绍

凸透镜是折射成像，成的像可以有 4 种情况：倒立、缩小的实像；倒立、等大的实像；倒立、放大的实像；正立、放大的虚像。其具体成像为何种，与物体到凸透镜的距离(简称物距 u) 以及凸透镜的焦距(f) 有密切的关系。我们可以用表 9-1 来表示这种规律。

表 9-1　凸透镜成像规律

物距 u	正倒	大小	虚实
$u > 2f$	倒立	缩小	实像
$u = 2f$	倒立	等大	实像

续表

物距 u	正倒	大小	虚实
$f < u < 2f$	倒立	放大	实像
$u = f$	不成像		
$u < f$	正立	放大	虚像

2. 问题情境

现有一个未知焦距的放大镜，请设计实验，探究放大镜的焦距是多少。请仔细思考：根据凸透镜的成像规律，当物体与放大镜物距不同时，成像的正倒、大小与虚实三个要素哪个能帮助找出凸透镜的焦距？

9.2 案例：计算焦距

通过对刚才思考的分析，可以得出物体与放大镜物距不同时，成像的大小可以帮助我们得出放大镜的焦距，由此，可以设计如下实验。

1. 实验材料

蜡烛、凸透镜、光屏、卷尺、数据记录表格、计算机。

2. 实验准备

将蜡烛、凸透镜、光屏依次安装在光具座上，点燃蜡烛，调整光屏和凸透镜的高度，使蜡烛、凸透镜、光屏三者在同一高度。

组装凸透镜、蜡烛和光屏时，应注意：

（1）将凸透镜固定，便于测量物距和像距，蜡烛和光屏均不固定，便于蜡烛和光屏移动。

（2）尽量保证准确地将"三心"——蜡烛焰心、透镜中心、光屏中心调节至同一水平高度，否则将导致蜡烛所成的像不在光屏中心或者根本不在光屏上从而找不到像。

（3）若实验室非暗室，那么应注意将蜡烛置于远离光亮的一侧，而光屏承接像的一侧则要背对光亮，保证光屏上的像清晰明亮。

3. 实验步骤

（1）把蜡烛放在离凸透镜尽量远的位置上，调整光屏到透镜的距离，使烛焰在屏上成一个清晰的像，观察凸透镜成像的大小，利用卷尺测出此时成像的大小以及蜡烛与凸透镜的距离并将数据记录在表格中。

（2）继续把蜡烛向凸透镜靠近，观察成像的大小，利用卷尺测出蜡烛与凸透镜的距离和凸透镜成像的大小，将数据记录在表格中。

（3）当蜡烛放到一定位置上时，光屏没有像，用眼睛直接对着凸透镜对蜡烛的像进行观察，利用卷尺测出蜡烛与凸透镜的距离和凸透镜成像的大小，将数据记录在表格中。

（4）将表格里的数据用编程的方式可视化展现出来，并对数据图像进行分析，得出放大镜的焦距。

9.2.1　编程前准备

1. 数据存储——利用 list 列表进行数据的存储

列表（list）是 Python 中最基本、最常用的数据结构。列表中的每个元素都分配一个数字——它的位置或者叫索引，其中，第一个索引为 0，第二个索引为 1，以此类推。

列表可以作为一个方括号内的逗号分隔值出现。列表的数据项不需要具有相同的类型。列表可以进行的操作包括索引、切片、加、乘、检查成员。此外，Python 已经内置确定列表的长度以及确定最大和最小元素的方法。

创建一个列表，只要把逗号分隔的不同的数据项使用方括号括起来即可。

2. Python 库

本节通过 Python 中的 NumPy 库实现图像的加载，matplotlib 库实现图像的绘制与显示。

1）NumPy 库

NumPy(Numerical Python) 是 Python 语言的一个扩展程序库，支持大量的维度数组与矩阵运算，此外也针对数组运算提供大量的数学函数库。

NumPy 的前身 Numeric 最早是由 Jim Hugunin 与其他协作者共同开发，2005 年，Travis Oliphant 在 Numeric 中结合了另一个同性质的程序库 Numarray 的特色，并加入了其他扩展而开发了 NumPy。NumPy 为开放源代码并且由许多协作者共同维护开发。

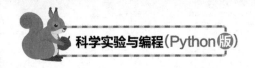

NumPy 的功能非常强大，主要用于对多维数组执行计算。NumPy 这个词来源于两个单词——Numerical 和 Python。NumPy 提供了大量的库函数和操作，可以帮助程序员轻松地进行数值计算。在数据分析和机器学习领域被广泛使用。它具有以下几个特点。

（1）NumPy 内置了并行运算功能，当系统有多个核心时，做某种计算时，NumPy 会自动做并行计算。

（2）NumPy 底层使用 C 语言编写，内部解除了 GIL（全局解释器锁），其对数组的操作速度不受 Python 解释器的限制，效率远高于纯 Python 代码。

（3）有一个强大的 N 维数组对象 Array（类似于列表）。

（4）实用的线性代数、傅里叶变换和随机数生成函数。

总而言之，它是一个非常高效的用于处理数值型运算的包。在本节中，将利用 NumPy 库实现图像的加载。

2）matplotlib 库

matplotlib 是一个 Python 2D 绘图库，它以多种硬拷贝格式和跨平台的交互式环境生成出版物质量的图形。matplotlib 可用于 Python 脚本、Python 和 IPython (opens new window) Shell、Jupyter (opens new window) 笔记本、Web 应用程序服务器和四个图形用户界面工具包。

matplotlib 尝试使容易的事情变得更容易，使困难的事情变得可能，只需几行代码就可以生成图表、直方图、功率谱、条形图、误差图、散点图等多种类型。为了简单绘图，该库的 pyplot 模块提供了类似于 MATLAB 的界面，尤其是与 IPython 结合使用时更加方便。对于高级用户，可以通过面向对象的界面或 MATLAB 用户熟悉的一组功能完全控制线型、字体属性、轴属性等。本节将通过 matplotlib 库实现图像的绘制。

9.2.2　算法设计

本案例主要包括利用凸透镜成像规律计算凸透镜的焦距和利用编程绘制出成像大小与物体跟凸透镜之间距离的关系图像，并根据最终得到的图像和所学物理知识进行分析得出结论。案例的主要思路如下。

（1）观察凸透镜成像是否能在物体另一侧看到。

（2）如果能够在另一侧看到，调整光屏到透镜的距离，使烛焰在屏上成一个清晰的像。

（3）如果不能在另一侧看到，用眼睛直接对着凸透镜对蜡烛的像进行观察。

（4）观察凸透镜成像大小。

（5）利用卷尺测出此时成像的大小以及蜡烛与凸透镜的距离，并将数据记录在表格中。

最后，根据记录的数据利用 Python 完成成像大小与物体跟凸透镜之间距离的关系图像。

本案例算法设计流程图如图 9-1 所示。

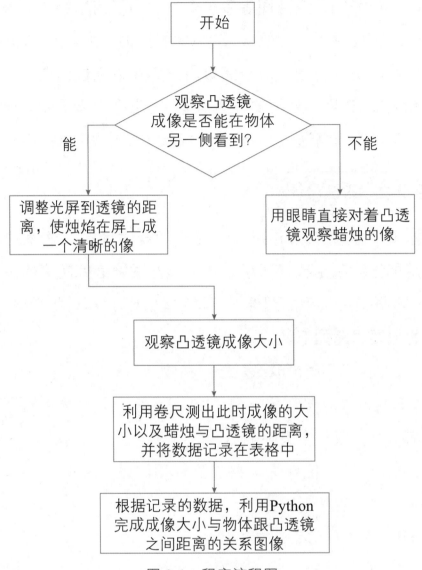

图 9-1　程序流程图

9.3 编写程序及运行

9.3.1 程序代码

```python
import matplotlib.pyplot as plt

import numpy as np


# 凸透镜的焦距 5

f = int(input('凸透镜的焦距：'))
# 蜡烛的高度 10

origin_h = int(input('蜡烛的高度：'))
# 蜡烛到凸透镜的距离

u = list(map(float, input('蜡烛到凸透镜的距离：')
.split(' ')))
    # 蜡烛在光屏上成像的高度

h = list(map(float, input('蜡烛在光屏上成像的高度：')
.split(' ')))


h = np.array(h)

u = np.array(u)


plt.plot(u, h)
```

```
# 设置坐标轴为中文

plt.rcParams['font.sans-serif'] = ['SimHei']

plt.rcParams['axes.unicode_minus'] = False

plt.xlabel('蜡烛到凸透镜的距离')

plt.ylabel('蜡烛在光屏上成像的高度')

plt.text(2 * f, origin_h, (2 * f, origin_h).__str__()
+ '当物距=二倍焦距', )

plt.show()
```

9.3.2 运行程序

步骤一：新建文件

在刚才新建的项目中，右击左侧项目栏，在弹出的右键菜单中选择"新建"→"Python文件"，单击后，在页面中间弹出的命名栏中输入文件名"Case9"，并选择"Python文件"，回车，即可新建成功，如图9-2和图9-3所示。

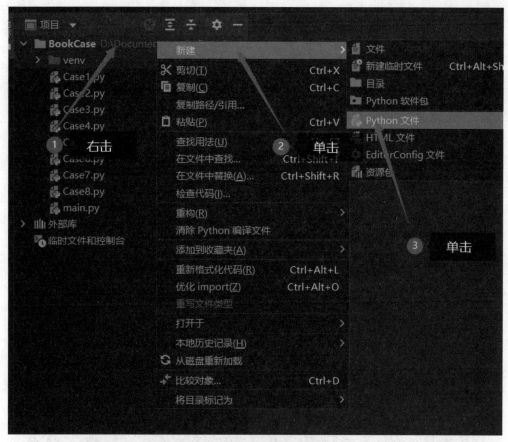

图 9-2　新建工程文件

图 9-3　命名新建文件

步骤二：编写代码

　　将案例的代码粘贴至 Case9.py 中。

步骤三：运行程序

在任意空白处右击后，单击右键菜单中的"运行'Case9'"选项，即可运行，如图 9-4 所示。也可使用快捷键 Ctrl+Shift+F10。

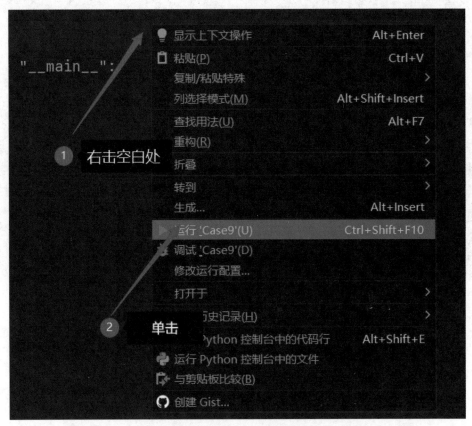

图 9-4　运行程序代码

在弹出的控制台中输入空气的物质的量（摩尔量），可以看见程序的运行结果如图 9-5 所示。

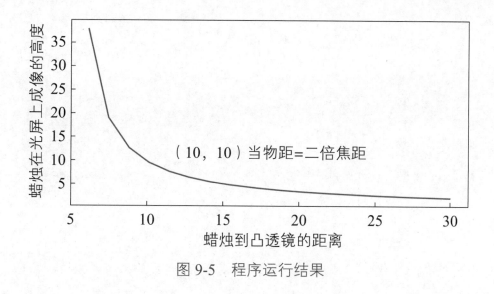

图 9-5　程序运行结果

9.4　拓展训练

如图 9-6 所示，OO' 为透镜的主光轴，AB 是物体，$A'B'$ 是 AB 经过透镜所成的像，请编程作图找出透镜的位置，给出透镜所在位置的坐标。A 点坐标为 (x_1,y_1)，B 点坐标为 $(x_1,0)$，A' 点坐标为 (x_2,y_2)，B' 点坐标为 $(x_2,0)$

图 9-6　拓展练习题

第10章
水的组成

水（H_2O）是地球上最常见的物质之一，地球表面约有71%被水覆盖。水是由氢、氧两种元素组成的无机物，无毒，可饮用，在常温常压下为无色无味的透明液体，是维持生命的重要物质，也是生物体最重要的组成部分。

在很长的一段时期内，水曾经被看作一种"元素"。直到18世纪末，人们通过对水的生成和分解实验的研究，才最终认识了水的组成。研究氢气的燃烧实验是人们认识水组成的开始。氢气是无色、无臭、难溶于水的气体，密度比空气小，常温常压下，是一种极易燃烧的气体。

本章将通过对氢气燃烧现象的介绍，结合电解水案例，探究水的组成，编程实现电解水的相关问题求解。

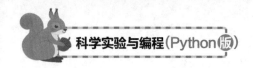

10.1 化学现象观察

在带尖嘴的导管口点燃纯净的氢气，观察火焰的颜色。然后在火焰上方罩一个冷而干燥的小烧杯（如图 10-1 所示），过一会儿，观察烧杯壁上有什么现象发生。

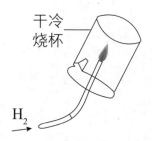

干冷
烧杯

H_2

图 10-1　氢气在空气中燃烧

（1）上述实验中有无新物质生成？发生了什么变化？

（2）上述实验中是否有水滴生成？

通过上述实验，可以发现氢气在空气中燃烧时，会产生淡蓝色火焰，烧杯壁上有水滴生成。

此外，混有一定量空气或氧气的氢气遇明火会发生爆炸。因此点燃氢气前一定要检验其纯度，点燃氢气时，发出尖锐爆鸣声表明气体不纯，声音很小则表示气体较纯。

10.2 案例：电解水

在电解器玻璃管里加满水，接通直流电源，观察两个电极附近和玻璃管内发生的现象，如图 10-2 所示。

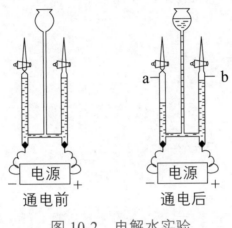

图 10-2　电解水实验

实验现象：

（1）正、负电极上都有气泡产生。

（2）一段时间后，正、负两极所收集气体的体积比约为 1 : 2。

切断上述装置中的电源，用燃着的木条分别在两个玻璃管尖嘴口检验电解反应中产生的气体，观察发生的现象。

实验现象：

（1）将火焰移近负极试管收集的气体，气体能燃烧呈淡蓝色火焰，该气体是氢气。

（2）将火焰移近正极试管收集的气体，木条燃烧得更旺，该气体是氧气。

电解水实验中，生成的氧气和氢气的体积比为 1 ： 2，试编程求解生成的氧气和氢气的质量比，并验证质量守恒定律。（水的摩尔质量为 18g/mol，氧气的摩尔质量为 32g/mol，氢气的摩尔质量为 2g/mol。）

$$2H_2O \xrightarrow{\text{通电}} 2H_2 \uparrow + O_2 \uparrow$$

10.2.1 编程前准备

查表，得到水、氧气、氢气的摩尔质量。

理想气体状态方程为：

$$pV = nRT$$

其中，p 为压强，V 为气体体积，n 为物质的量，R 为常数，T 为开尔文温度。

当其他条件相同时，气体体积与物质的量为正比关系，即：

$$\frac{V_{O_2}}{V_{H_2}} = \frac{n_{O_2}}{n_{H_2}}$$

又由摩尔质量与物质的量间关系：

$$n = \frac{m}{M}$$

其中，n 为物质的量，m 为物质的质量，M 为物质的摩尔质量。

得到质量与物质的量之间的关系，即可计算出气体的质量，进而验证质量守恒定律。

10.2.2 算法设计

本案例是关于电解水相关问题的程序编写，其程序流程主要分为以下几个步骤。

（1）定义相关变量。

（2）根据编程前的准备以及题干信息求解氧气和氢气的质量比。

（3）验证质量守恒定律。

本案例算法设计流程图如图 10-3 所示。

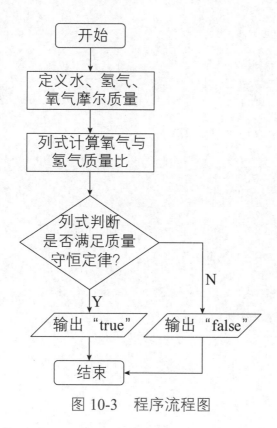

图 10-3　程序流程图

科学实验与编程(Python版)

10.3 编写程序及运行

10.3.1 程序代码

```python
def main():

    O2 = 32

    H2 = 2

    H2O = 18

    proportion = O2 / (H2 * 2)

    print(proportion)

    if 2 * H2O == 2 * H2 + O2:

        print("true")

    else:

        print("false")


if __name__ == "__main__":

    main()
```

10.3.2 运行程序

步骤一：新建文件 --

在刚才新建的项目中，右击左侧项目栏，在弹出的右键菜单中选择"新建"→"Python 文件"，单击后，在页面中间弹出的命名栏中输入文件名"Case10"并选择"Python 文件"，回车，即可新建成功，如图 10-4 和图 10-5 所示。

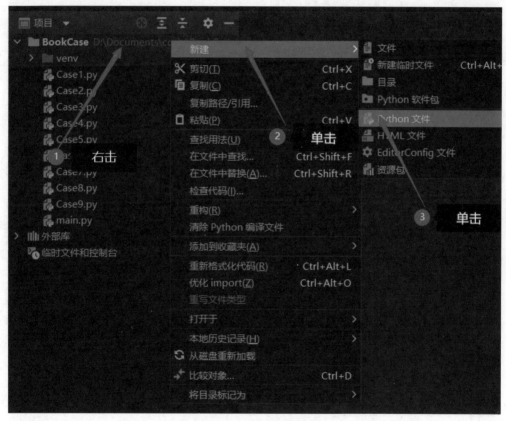

图 10-4　新建工程文件

图 10-5　命名新建文件

步骤二：编写代码

将案例的代码粘贴至 Case10.py 中，如图 10-6 所示。

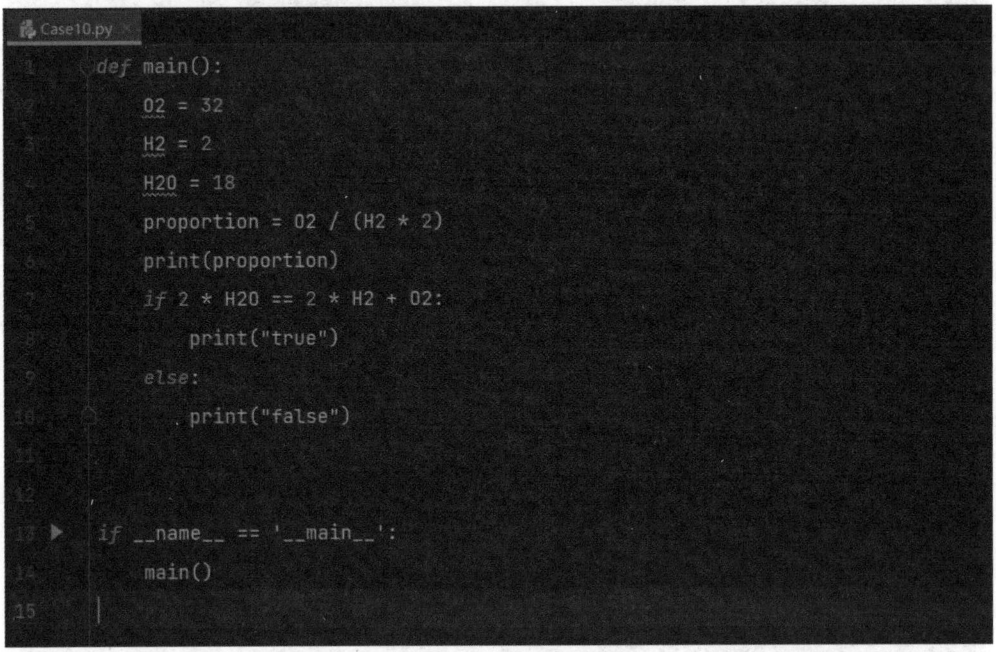

```python
def main():
    O2 = 32
    H2 = 2
    H2O = 18
    proportion = O2 / (H2 * 2)
    print(proportion)
    if 2 * H2O == 2 * H2 + O2:
        print("true")
    else:
        print("false")


if __name__ == '__main__':
    main()
```

图 10-6　编写程序代码

步骤三：运行程序

在任意空白处右击后，单击右键菜单中的"运行 'Case10'"
选项，即可运行，如图 10-7 所示。也可使用快捷键
Ctrl+Shift+F10。

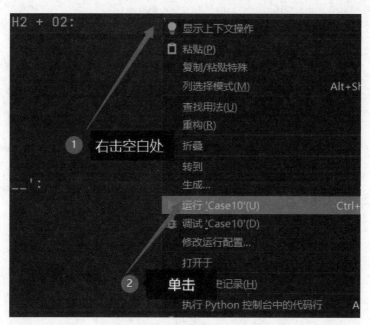

图 10-7 运行程序代码

程序运行之后，可以看见程序的运行结果，如图 10-8 所示。

图 10-8 程序运行结果

10.4 拓展训练

电解水时，常常要加入少量氢氧化钠使反应容易进行。现将加有氢氧化钠的水通电一段时间后，产生 1g 氢气，其中，氢氧化钠的质量分数由 4.8% 变为 5%。求生成氧气的质量和电解水后剩余水的量。